zbergen/Svalbard-Archipels

Nordostpassage

Enurmino

Igarka

Asien

Afrika

Äquator

Indischer Ozean

Australien

Antarktis

ARVED FUCHS

AUS ABENTEUERN LERNEN

Meine Beobachtungen zum Klima

Delius Klasing Verlag

Ein Gebirge aus Weiß.
Was aussieht wie eine gen Himmel reichende Küste, ist ein vor Grönland treibender Eisberg.
Bei einer schwachen Brise segelt DAGMAR AAEN in sicherem Abstand an ihm vorbei.

Jeder Eisberg ist einzigartig, ein Unikat.
Dieser hat mich besonders gefesselt, zeigt er doch in seinem schwarzen Streifen ein
Stück Klimageschichte – hat die Asche eines Vulkanausbruchs ihn gefärbt?

Ursus maritimus heißt der Eisbär mit zoologischem Namen.
Er verbringt den größten Teil seines Lebens in den Eisfeldern des Arktischen Ozeans.
Dieser Lebensraum schmilzt ihm jetzt buchstäblich unter den Tatzen weg.

Unser Ziel muss sein, die Erderwärmung zu stoppen. Sonst zerstören wir die Lebensgrundlage künftiger Generationen. Schon dieses kleine Mädchen erlebt Grönland viel grüner und eisfreier als seine Großeltern.

Egal ob im hohen Norden oder im tiefen Süden – auf beiden Seiten der Welt sind Wetter und Klima das beherrschende Thema. In einer geschützten Bucht im fernen Feuerland wettert die DAGMAR AAEN einen Sturm ab.

Unterwegs in eisiger Einsamkeit.
Expeditionen mit Hundeschlitten sind neben dem Segeln meine zweite große
Leidenschaft: Beide sind eng mit dem hohen Norden verknüpft – und beide
werden von Unbeteiligten eher als kalt und ungemütlich empfunden.

Im Sommer 2015 besucht die DAGMAR AAEN auf ihrer Reise in die Antarktis die Bissagosinseln an der Westküste Afrikas. Es ist Regenzeit. Aber plötzlich reißt die Wolkendecke für wenige Momente auf und taucht unser vor Anker liegendes Schiff, unser Zuhause, in weiches Abendlicht.

INHALT

Chronist aus dem Eis

olange ich denken kann, haben mich die Berichte über die alten Seefahrer, Polarforscher und Entdecker fasziniert. Es ist der Stoff, aus dem Mythen entstehen. Gerade die historischen Reisen verleiten zum Träumen und zum Nachdenken – weniger die modernen.

Warum ist das so? Ein Segelschiff wird von dem Atem des Windes und dem Geist des großen Abenteuers getrieben. Der modernen Technologie hingegen fehlt oft eine menschliche Dimension – das war früher anders. Eine Seereise mit einem Segelschiff war damals ein Aufbruch ins Ungewisse; etwas, von dem man nicht wusste, wie es ausgehen würde. Menschen und Schiffe wurden immer wieder von den Sturmseen, von tückischen Riffen, von Seeräubern oder Krankheiten dahingerafft. Fabelwesen, die angeblich in der Tiefsee lebten und ganze Schiffe verschlangen, wurden zu Legenden. Der Mythos Kap Hoorn hat die Seefahrtschronisten über Generation hinweg beschäftigt. Doch selbst ohne die Fabelwesen ist eine Segelreise auch in der heutigen Zeit stets ein – wenn auch kalkulierbares – Abenteuer. Ein 300 Meter langer Containerfrachter hingegen hat letztlich den gleichen Charme wie ein Güterzug. Das Handelsschiff hat eine Entwicklung zur Routine gewordenen Technik durchgemacht, in denen die Menschen zu Anwendern und zu Nutzern geworden sind – aber nicht zu Schicksal erduldenden Helden.

> Keine andere Landschaft hat in den letzten Jahrzehnten einen so gravierenden Wandel erfahren wie die Arktis.

Am Nord- wie am Südpol dieser Erde ist der Mythos von übermenschlichen Leistungen, von quälender Kälte, von hehren Männerfreundschaften, von Erfolg und Versagen, von unmenschlichen Lebensbedingungen von Leidensfähigkeit besonders ausgeprägt.

Die Pole stellen einen Grenzbereich dar. Sie sind so etwas wie das Ende der Erde – zumindest der bewohnbaren Erde. Sie bilden sozusagen die Schnittstelle zwischen Erde und Weltraum. Raum und Zeit verlieren sich hier in der Endlosigkeit. Licht und Dunkelheit, Wärme und Kälte sind wie Leben und Tod. Das ist die Botschaft dieser Region.

Diese Extreme und die Entdeckungen unserer Erde sind es, die mich interessieren. Die Berichte darüber sind Teil unserer Kulturgeschichte. So bin ich selbst im Lauf der Jahre zu einem Seefahrer und Polarforscher des alten Zuschnitts geworden, ohne jedoch den Anschluss an die heutige Zeit verloren zu haben. Ich bin quasi ein Reisender zwischen den Welten, der sich immer wieder zurückziehen kann, um seinen Blick zu schärfen. Dadurch bin ich zu einem guten Beobachter geworden.

Meteorologen bezeichnen einen Zeitraum von 30 Jahren als eine »Klimareferenzperiode«. Klimaschwankungen werden auf diesen Zeitraum bezogen bzw. bewertet. Ich bin seit über vier Jahrzehnten im polaren Bereich unterwegs und habe damit einen Überblick der Klimaentwicklung – insbesondere in der Arktis – gewinnen können. Eine Zeitdauer, die die Referenzperiode deutlich überschreitet. Die von mir beobachteten Veränderungen sind viel gravierender ausgefallen als es zu erwarten gewesen wäre. Auch deshalb ist die Auseinandersetzung mit den historischen Reisen so interessant – sie gewähren Einblicke in das Klimageschehen früherer Jahrzehnte. Und dieses Wissen ist heute von einer besonderen Aktualität. Davon wird unter anderem in diesem Buch die Rede sein.

Auf meinen Expeditionen überschreite ich immer wieder die Grenze von dem beschaulichen Leben in der Zivilisation und dem harten und bisweilen gefährlichen Expeditionsalltag. Zu erobern oder gewinnen gibt es heute nichts mehr – außer Einblicke in uns selbst sowie in die Naturabläufe. Dabei ist gerade dies doch das

Wesentliche. Wir brauchen diese menschliche Dimension, weil sie zum Träumen anregt und wir uns darin wiederfinden können. Träume sind wichtig, weil aus ihnen Visionen und Erkenntnisse entstehen. Die wiederum aktivieren die Menschen. Sie regen an. Um unseren Planeten zu erhalten, brauchen wir ganz viele Visionäre, Pragmatiker, Akteure und besonders den »Concerned Citizen« – den betroffenen Bürger. Wir alle sind gefordert. Das Schlimmste ist, darauf zu hoffen, dass jemand anderes unsere Probleme lösen wird.

Arved Fuchs; Frühjahr 2021

Ein Bergpanorama in Ostgrönland.
Die urgewaltige Landschaft lässt einen nicht mehr los. Trotz der nördlichen
Breite gibt es vielfältige Vegetation und Leben.

Spuren-suche

Die DAGMAR AAEN liegt bei ruhigem Wetter im Sermilikfjord in Ostgrönland vor Anker. Große und kleine Eisberge treiben träge auf dem gläsernen Wasser des Fjords. Unser Ankerplatz ist gut geschützt. Wegen ihres großen Tiefgangs können die Eisberge unseren relativ seichten Ankerplatz nicht erreichen.

Die Stille im Eis ist betörend und großartig. Träge bewegen sich die Eisschollen im Gezeitenstrom, während die DAGMAR AAEN in einer flachen Bucht vor dem Eis geschützt um ihre Ankerkette schwoit

Entweder man liebt es, oder man hasst es – dazwischen gibt es nicht viel Spielraum. Dem Eismeer erliegt man, oder man kehrt nie wieder zurück. Für mich ist es das faszinierendste aller Meere. Vergessen sind die kalten Finger, die vereiste Takelage, die bisweilen sorgenvoll durchlebten Momente. Sie treten zurück angesichts der Dimensionen und der gigantischen Eindrücke. Wer klagt, hat hier nichts zu suchen.

Neben der See und dem Wind hat man es sozusagen mit einer weiteren Dimension zu tun – dem Eis. Eis in all seinen Facetten: meterdicke Packeisfelder, glitzernde, majestätische Eisberge, Eiskristalle in der Takelage der Schiffe, im Bart, in den Augenbrauen – Eis aus in der Luft gefrorenem Atem. Die Rahmenbedingungen stellen den Seefahrer vor Herausforderungen der besonderen Art: die polaren Küstenlandschaften, das Licht, die Ästhetik, aber auch die Unbarmherzigkeit der Arktis gegenüber dem Seefahrer, der schlecht vorbereitet oder gar überheblich ist.

Man darf nicht gegen das Packeis arbeiten, sondern muss sich mit ihm arrangieren. Sonst ist man verloren. Die Strategie der klugen Eismeerfahrer bestand immer schon darin, Schutz vor dem Eis im Eis zu suchen.

Nie lebe ich intensiver, nirgendwo liegen Aufregung, Anmut und Ruhe so eng beieinander wie in den Hohen Breiten. Das Eismeer lässt sich nicht konsumieren wie eine tropische Inselwelt. Man muss sich die Erlebnisse jederzeit erarbeiten, ist immer gefordert. Aber wer dazu bereit ist, dem eröffnet sich eine einzigartige Naturlandschaft, die – ich bekenne mich dazu – in gewisser Form abhängig macht.

Umso mehr trifft einen die Erkenntnis, dass sich diese Naturlandschaft plötzlich grundlegend verändert. In einer nie erahnten Geschwindigkeit zieht sich das auf dem Meer schwimmende Eis zurück. Und das im arktischen Winter neu entstehende Eis hat kaum noch eine Chance, zu gewohnter Mächtigkeit zu wachsen. Jahrhundertelang haben sich Seefahrer vergeblich bemüht, Routen durch die eisigen Gewässer der Nordwest- und Nordostpassage zu finden. Sie verloren dabei nicht nur ihre Schiffe, sondern häufig auch ihr Leben. Diese Tragödien lieferten den Stoff für die Mythen, die bis heute weiter fortgeschrieben werden.

Acht Monate hat die DAGMAR AAEN – gesichert von drei Ankern und zahlreichen Landtrossen – in einer geschützten Bucht bei Upernavik im Nordwesten Grönlands überwintert. Jetzt bringt die Maisonne Eis und Schnee rasch zum Schmelzen.

Bis zum Jahr 2004 waren die Nordwest- und die Nordostpassage für normale Schiffe nahezu unpassierbar. Nur selten gelang ein Durchkommen. In den vergangenen Jahren hingegen haben Segelboote ohne jede Eisverstärkung die Passagen problemlos innerhalb eines Sommers durchquert.

Ja, mehr noch: Heute kann sich kaum noch jemand die Herausforderungen und Schwierigkeiten einer Passage etwa Mitte der Neunzigerjahre vorstellen. Es ist eine andere Welt geworden.

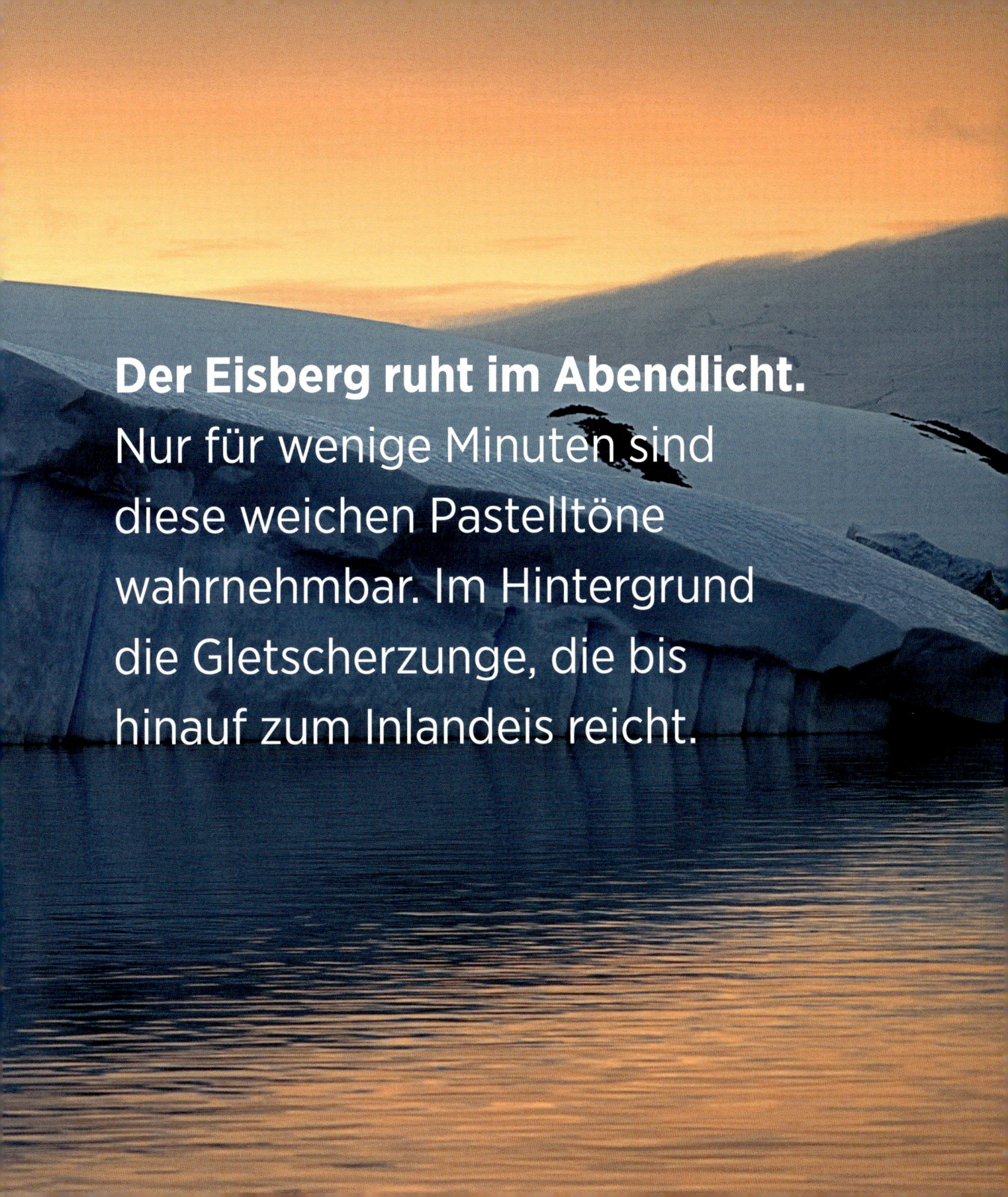

Der Eisberg ruht im Abendlicht.
Nur für wenige Minuten sind
diese weichen Pastelltöne
wahrnehmbar. Im Hintergrund
die Gletscherzunge, die bis
hinauf zum Inlandeis reicht.

Der Klimawandel bringt nicht nur wärmere Temperaturen mit sich, sondern auch immer heftiger wütende und immer häufiger vorkommende Stürme. Zum Glück können wir und das Schiff das ab. Gutes Ölzeug und Strecktaue zur Sicherheit sind dennoch Pflicht!

Es ist aber nicht nur der Verlust des Eises – es verändert sich ein kompletter Lebensraum mit Auswirkungen auf Flora und Fauna und auf die Menschen, die in ihm zu Hause sind. Bei einer weiter wachsenden Weltbevölkerung und einem daraus resultierenden Rohstoff- und Energiehunger müssen wir lernen, die Ressourcen der Erde und besonders auch der Ozeane schonend und nachhaltig zu nutzen. Wir brauchen ein neues Naturverständnis, wenn wir die Ozeane, wie wir sie kennen, erhalten wollen. Wir müssen aus dem Abenteuer Natur lernen. ///

Gefangen im Eis

Dreimal habe ich mit der DAGMAR AAEN in Grönland überwintert.
Es ist eine ganz spezielle Erfahrung – vor allem bei –41 °C!

Land der Extreme

Sich einem riesigen Eisberg zu nähern ist immer ein spannungsgeladener Moment und nicht ungefährlich. Aber es beschert uns Bilder, die man sich nicht entgehen lassen möchte: Wie durch einen Torbogen gerahmt betrachten wir vom Schlauchtboot aus das Schiff.

Unter dem Kreuz des Südens. Begegnung mit einem eisigen Kontinent. Die Antarktis ist der kälteste, windigste und einsamste Platz auf Erden

Zügig und ohne jede Spur von Angst kommt der kleine Adéliepinguin mit leicht schaukelndem Gang auf mich zu gelaufen. Unmittelbar vor mir bleibt er stehen. Keine Frage – er hat hier Hausrecht. Die Hope Bay auf der Antarktischen Halbinsel ist sein Zuhause, ich bin hier nur Gast. Das lässt er mich spüren, mit einem Blick, der zu sagen scheint: »Was willst du denn hier?«

Ich habe diese Frage schon viele Hundert Male gehört: »Warum nur fahren Sie immer wieder in die Kälte?« Und jedes Mal suche ich ein wenig hilflos nach Worten. Ein vages »Weil es da schön ist« oder etwa »Mich faszinieren die Landschaften« stellen den Frager in aller Regel nicht zufrieden – und mich selbst auch nicht. Warum nur ist es denn so schwierig, etwas zu erklären, das einen derart in seinen Bann zieht, dass man nicht mehr davon lassen kann? Was macht den Reiz eines Kontinents aus, der rund eineinhalbmal so groß wie Australien, dabei aber zu 80 % von Eis bedeckt ist? Was kann man da wollen? Die Antarktis ist ein Kontinent der Superlative, der aber alles andere als einladend wirkt. Die tiefste jemals auf Erden gemessene Temperatur wurde in der Antarktis mit –90 °C ermittelt. Windgeschwindigkeiten von 300 km/h sind keine Seltenheit, und es ist – wen wundert's – der menschenleerste Kontinent. Umgeben von dem stürmischsten Ozean der Erde, ist schon allein die Annäherung ein Abenteuer.

Der sogenannte Antarktisvertrag weist ein riesiges Schutzgebiet aus, das vom 60. Breitengrad bis zum Südpol reicht. Das Regelwerk hat noch eine Laufzeit bis 2041 und ist der Garant dafür, dass die Antarktis nicht ausgebeutet werden darf und wie bisher erhalten bleibt. Es stellt sich die bange Frage, was danach passiert.

Abweisender und lebensfeindlicher kann eine Landschaft nicht sein. Man sollte meinen, kein Mensch, der seine Sinne beisammenhat, würde auch nur einen Gedanken daran verschwenden, dorthin zu fahren. Aber ganz gleich ob Wissenschaftler, Abenteurer oder Tourist – alle, die jemals dort waren, machen eher einen verschworenen Eindruck. Wer in die Antarktis fährt, tut dies aus tiefster Überzeugung. Es scheint ein Widerspruch in sich zu sein.

Es geht eine ernsthafte, strenge Schönheit von der Landschaft aus. Ernsthaft ist überhaupt alles, was man dort macht. Wer mit einem Schiff von Südamerika Rich-

Auf einem abgelegenen Felsvorsprung einer antarktischen Insel stoßen wir auf ein einsames Grab. Die Entdeckung des Südkontinents war immer wieder mit Tragödien verbunden. Allzu oft wurde so manche Hoffnung brutal durch eine kleine Unvorsichtigkeit, eine Verletzung oder Krankheit, durch Hunger oder Kälte zerstört.

tung Antarktis fährt, beginnt seine Seereise dort, wo sie für unzählige Schiffe schicksalhaft geendet hat – am stürmischen Kap Hoorn. Rund 1.000 Kilometer sind es von dort bis zur Antarktischen Halbinsel. Die Fahrt über die Drake-Passage kann zu einem nachhaltigen Erlebnis werden. Aber trotz des stürmischen Wetters drängen sich immer wieder Zaungäste in windgeschützte Ecken der Aufbauten und blicken staunend auf den scheinbar mühelosen Flug der Albatrosse. Nur Millimeter von den Wellenkämmen entfernt gleiten ihre gewaltigen Schwingen über die aufgewühlte See, ohne sie jedoch dabei zu berühren. Man vergisst den salzigen Geschmack der Gischt auf den Lippen und ignoriert die tränenden Augen, sobald die ersten majestätischen Eisberge auftauchen, die schimmernd und urgewaltig in der stürmischen See treiben. Es gibt keine zwei Eisberge, die sich gleichen. Wenn ich

darüber nachdenke, sind es gerade die Formen und Farben, die mich immer wieder ins Eis ziehen. Ich habe inzwischen bestimmt Hunderte, wenn nicht Tausende von Eisbergen fotografiert. Aber ein Foto ist armselig im Vergleich zur Wirklichkeit. Die Geräusche, die Gerüche, die in einer endlosen Prozession dahinziehenden und vom Sturm zerzausten Wolken, die Sonnenstrahlen, die sich im Eis brechen und ein Feuerwerk an Farben freisetzen – sie alle sind Bestandteil des Gesamteindrucks. Windstille sonnendurchdrungene Tage wechseln abrupt mit Stürmen und kalten, abweisenden Farbtönen, die den Betrachter jäh betroffen machen. Nirgendwo sonst auf der Welt habe ich so viel Demut vor der Schöpfung verspürt wie hier. Die Normen und Wertvorstellungen der sogenannten zivilisierten Welt sind hier außer Kraft gesetzt. Es ist die Urwüchsigkeit, das Unmittelbare, dem man sich nicht ent-

In einer geschützten Bucht der Wollaston-Inselgruppe, nur wenige Seemeilen von Kap Hoorn entfernt, warten wir im Windschatten der Berge auf das Wetterfenster zum Aufbruch in Richtung Antarktis.

ziehen kann. Hier wird Wichtiges vom Unwichtigen separiert. In wenigen Minuten kann man hier mehr über sich und die Welt lernen, als es jede Universität der Welt zu vermitteln vermag. Es mag dennoch genügend Menschen geben, die sagen: »Na und? Was kann mir ein Pinguin oder ein Stück Eis schon mit auf den Weg geben?« Wer so fragt, wird es nie verstehen.

Als ich vor etwa 30 Jahren zum ersten Mal vom chilenischen Punta Arenas mit einer uralten gecharterten DC-6 in die Antarktis flog, landeten wir auf einer provisorisch präparierten Piste aus reinem Eis. In dem Moment, als das Dröhnen der großen Sternmotoren erstarb und ich eingemummt in eine dicke Jacke auf die Eispiste trat, war es, als wäre ich mit einem Raumschiff auf einem anderen Planeten gelandet. Die abrupte Stille war übermächtig und geradezu körperlich spürbar. Jedes Geräusch, etwa das des Windes, drang mit der Intensität eines Orchesters zu mir durch. Die Augen versuchten vergeblich die Weite einzugrenzen, den Ort zu begreifen. Es war wie ein Rausch der Sinne – die Kälte nahm ich nur unterschwellig wahr.

Über 100 Tage verbrachte ich damals in der Antarktis. Während dieser Zeit durchquerte ich erstmals den gesamten Kontinent zu Fuß. Über 2.500 Kilometer, mit einem bis zu 130 Kilogramm schweren Schlitten im Schlepp. »Wahnsinn« urteilten die einen, »großartig« die anderen.

Als ich erschöpft, aber glücklich am Ziel ankam, war irgendwie alles anders. Mir stellte sich nicht mehr die Frage, *ob* ich zurückkommen würde, sondern nur noch *wann*. Ich hatte gefroren, entbehrt, hatte Momente der Angst durchlebt und mir die Füße wund gelaufen. Und trotzdem hatte ich keinen Tag missen mögen. Die Antarktis lässt sich die Eindrücke nicht leicht abringen, aber sie belohnt den Einsatz. Stille und Zeit, Licht und Dunkelheit haben hier eine andere Qualität. Intensiver habe ich niemals zuvor gelebt.

Die Durchquerung des antarktischen Kontinents war der Traum des irischen Polarforschers Ernest Shackleton gewesen. Shackleton hatte ihn acht Jahrzehnte vor mir geträumt – und war gescheitert. »Wieder einmal«, könnte man boshaft sagen. Shackleton, der ewige Versager, der Loser, der niemals sein Lebensziel, den Südpol, erreicht hat? Unsinn! Für mich ist Shackleton ein Held. Er mag vielleicht nicht der beste Planer gewesen sein, vielleicht fehlte ihm aber auch einfach nur das gewisse Quantum Glück, ohne das Erfolg kaum möglich ist. Denn Lebensleistung bemisst sich nicht immer nur an erreichten Zielen. Für mich ist Shackleton in seiner Menschlichkeit einer der bedeutendsten Polarforscher. Knapp 100 Meilen vor dem Südpol umzudrehen, obwohl er der erste Mensch gewesen wäre, der diesen magischen Punkt erreicht hätte, ist fast unglaublich. Sich gegen einen fragwürdigen Ruhm und für das eigene sowie das Leben seiner Männer zu entscheiden zeugt von Abgeklärtheit und Verantwortungsgefühl. »Lieber ein lebendiger Esel als ein toter Löwe«, schrieb er seiner Frau. Viele seiner Zeitgenossen verloren sich in ihrem Ehrgeiz und gingen lieber unter, als eine Niederlage einzuräumen. Eine ganze Nation hätte ihm zu Füßen gelegen, wäre er bis zum Pol

Die Schwierigkeit einer Antarktisdurchquerung liegt vor allem in der ungeheuren Ausdehnung des Südkontinents. Die zurückzulegenden Distanzen sind einfach gigantisch.

Nach 48 Tagen und rund 1.000 Kilometern erreichen wir den geografischen Südpol. Unsere Ausrüstung haben wir auf 130 Kilogramm schweren Schlitten von Meereshöhe bis auf 3.000 Meter selbst gezogen. Lange ausruhen können wir uns nicht – jetzt wartet der zweite Teil der Durchquerung auf uns.

So kraftsparend und anmutig
Albatrosse durch die Luft
segeln, so tollpatschig und
behäbig wirken sie beim Start
auf dem Wasser. Ein Anblick,
der uns grinsen lässt.

gegangen. Aber ein Teil seiner Mannschaft – vielleicht sogar alle – hätte den Rückweg nicht überlebt. Andere Expeditionsleiter waren da bedenkenloser. Shackleton hingegen besaß die Fähigkeit, im Zustand größter Erschöpfung die Lage sachlich zu bewerten und zu reflektieren.

Nach dem Untergang seines Expeditionsschiffes ENDURANCE versammelte er die schiffbrüchigen Männer auf dem Eis. Die waren verzweifelt und gaben Shackleton die Schuld an dem Desaster. Kaum einer glaubte, dass Rettung möglich sei. Doch dann stellte sich Shackleton in die Mitte seiner Männer und versprach jedem Einzelnen, der sich ihm anschließen würde, Rettung. Das zu sagen war das eine, aber dass die Männer es ihm in dieser verzweifelten Lage glaubten – darin bestand die wahre Leistung. Shackleton war authentisch, man vertraute sich ihm an – selbst wenn man eigentlich sauer auf ihn war. Ausnahmslos alle schlossen sich ihm an.

Die anschließende Reise in einem nur 7 Meter langen Rettungsboot von den Eisfeldern der Weddellsee über Elephant Island bis nach Südgeorgien ist in der Polargeschichte beispiellos. Shackleton unternahm sie, um Hilfe zu organisieren. Am Ende hat er sein Versprechen gehalten und alle seine Männer heil wieder nach Hause gebracht.

Keine von Shackletons ehrgeizigen Expeditionen erreichte ihr Ziel. Dennoch ist er für mich einer der größten Polarfahrer überhaupt.

Ich habe mich selbst ebenfalls auf dieses Wagnis eingelassen und bin dieselbe Route mit einer exakten Kopie des Originalbootes nachgesegelt. Ich tat es freiwillig und gut vorbereitet – Shackleton hingegen blieb keine andere Wahl. Diese mutige Tat war die einzige Chance auf Rettung. Seit dieser sehr persönlichen Erfahrung bin ich endgültig voller Bewunderung für Shackleton. Die Leistung ermessen kann nur der, der diese Reise nachvollzogen hat. Und übrigens: Auch Shackleton ist nach seinem Schiffbruch der Antarktis treu geblieben und zurückgekehrt. ///

Augenblicke wie diese belohnen unsere manchmal anstrengenden, aufregenden Expeditionen mit Ruhe und Schönheit.

Hüter des Wissens

Egal, wo wir sind: Kaum, dass wir irgendwo festgemacht haben, besuchen uns wildfremde Menschen. Besonders Kinder sind neugierig und offen. Am Ende lernen wir immer gegenseitig voneinander.

Kein anderes Volk der Erde hat so extremen klimatischen Verhältnissen trotzen müssen wie die Polareskimos

lexander nimmt einen tiefen Zug aus seiner Zigarette und schaut uns mit seinen dunklen Augen nachdenklich an. Der Name lässt es nicht vermuten, aber Alexander ist Tschuktsche, 63 Jahre alt und lebt zeit seines Lebens im Nordosten Sibiriens in einem kleinen Ort namens Enurmino. Etwas außerhalb des Dorfes hat er sich an der Steilküste ein Zeltlager aufgebaut, um seinen Enkel ungestört in die Kunst des Fischens einzuweisen. Der kurze sibirische Sommer neigt sich spürbar dem Ende zu. Die Tundra hat eine rötliche Färbung angenommen, die Nächte sind eisig, und gelegentlich überziehen flackernde Polarlichter den nächtlichen Himmel. Tagsüber ist es aber noch mild, daher hängen die frischen Fische auf einem Holzgerüst in der Sonne zum Trocknen wie andernorts Wäsche auf der Leine. Während der Junge mit einem der Schlittenhunde spielt, indem er ihn mit einem Grashalm in der Nase kitzelt, macht es sich Alexander auf einem ausgeblichenen Walwirbel bequem. Der Wirbel dient ihm als Stuhl. Entspannt lässt der Tschuktsche den beißenden Qualm seiner Zigarette aus Mund und Nase entweichen. Um gleiche Augenhöhe bemüht, hocken mein russischer Freund Slawa und ich uns vor ihn hin, während sich Alexander gespannt Slawas Bericht über unsere Expedition anhört. Russisch ist für Alexander eine Fremdsprache, wenngleich er sie fließend spricht. »Untereinander sprechen wir Tschuktschisch«, versichert er uns stolz.

Während einer unserer Expeditionen in den Norden Grönlands kommen gelegentlich Jäger zu Besuch, um sich bei Tee und Keksen auszutauschen. Die Jäger mögen unser altes Schiff.

Die Polarvölker haben ihre Erfahrungen und Mythen nicht aufgeschrieben, sondern sie den nachfolgenden Generationen weitererzählt. Den Älteren im Dorf sind die Berichte ihrer Vorfahren ins Gedächtnis gebrannt. Die alten Märchen und Fabeln sind Hunderte, teilweise wahrscheinlich Tausende von Jahren auf diese Art und Weise überliefert worden. Man brauchte kein Papier und keine Bücher – die Geschichte lebte in den Köpfen der Menschen fort, stets gegenwärtig und plastisch.

Natürlich waren ein wesentlicher Bestandteil der Überlieferungen die Berichte über die klimatischen Verhältnisse. Wann fror das Meer vor dem Dorf zu? Wann trug es die Jäger? Gab es Unregelmäßigkeiten? Wann brach das Eis im Sommer auf? Wann war der beste Moment, um Walrosse zu jagen, und welches war die perfekte Zeit für

den Fischfang? Welche Winter waren besonders kalt oder schneereich? Wann gab es die heftigsten Stürme? Das sind Fragen von existenzieller Bedeutung für Menschen, die in diesem harten Klima überleben müssen. Ob sich an dem Klima seiner Meinung nach etwas geändert hat, wollen wir von Alexander wissen. »Eeeeehhh«, beginnt er nachdenklich, »das Wetter ist anders geworden. Wir bekommen im Winter mehr Schnee als früher, es gibt auch mehr Stürme. Die Natur verändert sich.« Wir werden hellhörig und fragen nach. »Was meinst du damit, die Natur verändert sich?« Er lässt sich Zeit mit seiner Antwort und schaut ein wenig gedankenverloren in die Ferne. »Wir fangen mitunter Fische, die wir vorher noch nicht gesehen haben. Die Wale bleiben aus, und an einigen Stellen wachsen Pflanzen,

Während wir im äußersten Nordwesten Grönlands vor Anker liegen, besucht uns ein grönländischer Jäger aus der Siedlung Siorapaluk. Er ist auf Robbenjagd und legt eine kleine Pause bei uns ein.

die es hier früher nicht gegeben hat. Die Winter sind zwar weiterhin kalt, aber im Sommer zieht sich das Eis immer weiter zurück.« »Woran mag das liegen?«, wollen wir wissen. Aber der Tschuktsche philosophiert nicht lange über die Ursachen solcher Veränderungen. »Was weiß denn ich, vielleicht liegt es an den Flugzeugen, den Amerikanern, den Fabriken – keine Ahnung!« Die Tschuktschen konstatieren die Veränderungen und reagieren darauf, indem sie sich mit den Gegebenheiten arrangieren. Mit Ursachenforschung geben sie sich nicht weiter ab. So haben sie sich immer verhalten, und nur so konnten sie über Generationen hinweg in dieser rauen Landschaft überleben.

Point Barrow ist ein kleiner Ort im äußersten Norden Alaskas. Hier geht vom 10. Mai bis zum 2. August die Sonne nicht unter. »It's not the end of the world – but you can see it from here« lautet ein beliebter Werbeslogan. In Barrow leben knapp 4.000 Einwohner, von denen die meisten Inupiat, also Ureinwohner, sind. Vier Hotels und sechs Restaurants vermitteln den Eindruck einer amerikanischen Kleinstadt. Von jeher sind die Inupiat Jäger. Mit Umiaks, offenen Booten, die mit Walrosshaut bespannt sind, fuhren die Jäger auf das mit Eisfeldern bedeckte Meer hinaus, um Robben, Bären oder Wale zu jagen. Die Jagd ist gefährlich und entbehrungsreich, die Ausbeute spärlich. Die Polarvölker tragen sicher keine Schuld an der Dezimierung der Wale. Mit ihren Möglichkeiten haben sie der Natur nur eine kleine Zahl Tiere entnehmen können.

Mein Blick fällt auf einige Häuser, die bedenklich nahe an der Abbruchkante der Steilküste stehen. Schwarze Plastiksäcke, mit Sand gefüllt und aufeinandergetürmt, liegen zu Hunderten am Strand herum. Kein Müll, sondern Küstenschutz am Ende der Welt. In Alaska handelt es sich um ein neues Phänomen. »Das Meer ist länger eisfrei, als es früher der Fall war«, berichtet uns ein Einheimischer. Dadurch ist die Steilküste auch längere Zeit der nagenden Brandung ausgesetzt. Zusätzlich kann sich über dem nahezu eisfreien Wasser deutlich höherer Seegang ausbilden, als das früher der Fall war. Auch Stürme gibt es häufiger, und der Permafrostboden taut im Sommer tiefer auf als einst. Diese Verkettung von Veränderungen beschleunigt die Erosion erheblich. Und das Problem betrifft nicht nur Barrow, sondern auch die anderen Siedlungen entlang der Küste. Wobei der Küstenschutz an der Polarmeerküste bislang leider nur geringe Wirkung zeigt.

Ein Japaner als Meister im Umgang mit Hundegespannen. Ikuo Oshima lebt seit rund 50 Jahren in Siorapaluk, der nördlichsten Siedlung der Welt. Als junger Mann ist er von Japan hierhergekommen – und geblieben.

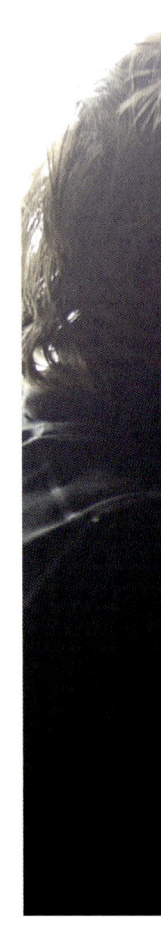

Der Jäger der kleinen 500 Seelen zählenden ostgrönländischen Siedlung mit dem unaussprechlichen Namen Ittoqqortoormiit ist nachdenklich. Er entspricht zunächst so gar nicht dem Bild, das man sich bei uns von einem Grönländer macht. Statt Fellhosen und Parka trägt er Jeans und Sweatshirt, und anstatt eines Kajaks fährt er während des grönländischen Sommers mit einem Motorboot und 150 PS über den Scoresbysund. Ein moderner Grönländer eben, dem Internet und Satellitenfernsehen genauso vertraut sind wie uns. Aber der erste Eindruck trügt. Der Jäger mag modern sein, dennoch ist er tief mit seinem Land und den Traditionen verwurzelt. Er beherrscht das Kajak mit der gleichen traumhaften Sicherheit, wie er einen Hundeschlitten führt oder mit einem einzigen Schuss eine Robbe auf dem Eis erlegt. Er ist trotz allem auch ein Jäger geblieben, ein Grönländer, dessen Instinkte und Sinne für die Natur in keiner Weise getrübt sind.

Nach der Überquerung des Inlandeises machen wir in einer einsamen Jagdhütte Station, um unsere Ausrüstung zu trocknen. Ikuo repariert einige Teile des Zuggeschirrs.

Wir essen nach grönländischer Sitte: gekochtes Fleisch, das in einem Topf schwimmt und mit dem eigenen Messer herausgeangelt und verzehrt wird.

»Letztes Jahr fror der Fjord erst gegen Weihnachten zu, und so dick wie sonst ist das Eis überhaupt nicht geworden«, berichtet er. Die Entwicklung scheint rasant voranzuschreiten.

In den letzten Jahren haben sich die Eisfelder des Ostgrönlandstromes während des Sommers scheinbar in Nichts aufgelöst. »Die Jagd ist gefährlicher geworden«, erzählt uns der Grönländer. »Das Eis ist nicht mehr so dick und fest wie früher, und es kommt immer wieder vor, dass Jäger mit abbrechenden Eisschollen abdriften.« Eine ähnliche Problematik also, wie es auch die Inupiat Alaskas oder die Tschuktschen Sibiriens haben.

Klimaforscher haben mittlerweile erkannt, dass die Überlieferungen und Einschätzungen der Polarvölker eine wichtige Datenbank darstellen. Die moderne Polarforschung ist so alt noch nicht. Gesicherte Daten etwa aus dem 19. Jahrhundert kann man höchstens noch aus den vergilbten Logbüchern der alten Walfänger herauslesen. Die haben ihre Bücher mit großer Sorgfalt geführt und dabei den Verlauf der Eisgrenzen genau dokumentiert. Norwegische Wissenschaftler haben die alten Logbücher daraufhin analysiert und in mehr als 15 Jahren Arbeit frühere Eiskarten und Klimadaten mühevoll in Computer eingegeben.

Der Inuk Larry Audlaluk lebt in der nördlichsten Siedlung Kanadas – in Grise Fiord. 129 Seelen zählt das kleine Dorf. Die Inuit nennen es »Aujuittuq«, was übersetzt so viel bedeutet wie: »Der Ort, der niemals taut«. Zu erreichen ist die Siedlung nur mittels kleiner Propellerflugzeuge. Straßen oder Fährverbindungen gibt es nicht. Als ich im Jahr 1980 mit dem Flugzeug dort landete, hatte ich keine Idee davon, was mich erwartete. Damals gab es weder E-Mail noch Internet, noch Satellitentelefon. Schon die Anreise war ein Abenteuer. Es war Mitte Februar, die Temperaturen lagen deutlich unter –40 °C, das Dorf wurde seinem Namen in jeder Hinsicht gerecht. Ich war gekommen, um von den Inuit zu lernen; und Larry, Jahrgang 1950, wurde mein Lehrer. Daraus entspann sich eine Freundschaft, die bis zum heutigen Tag anhält. Damals schien die Welt noch in Ordnung zu sein. Larry lehrte mich das Hundeschlittenfahren, nahm mich mit auf die Robbenjagd, zeigte mir, wie man Iglus baut, sich richtig kleidet und mit Schnee, Eis und Kälte umgeht. Ihm verdanke ich sehr viel.

Inzwischen hat in Aujuittuq Tauwetter Einzug gehalten. Larry erzählte unlängst: »Seit ich als Junge in der Region Grise Fiord aufgewachsen bin, habe ich die Eisfelder und Gletscher in den Bergen beobachtet. Der Schmelzprozess als solcher hat nicht nur zugenommen, sondern auch die Zeiten, in denen es nicht mehr friert. Seit 1985 schmilzt das Eis mit einer unglaublichen Geschwindigkeit. In den Siebzigerjahren konnte ich als junger Mann bereits in der zweiten Septemberhälfte auf dem Meereis zum Jagen gehen. Heute ist das Eis frühestens Ende Oktober oder Anfang November fest genug, um darauf zu reisen. Aber im November beginnt bereits die polare Nacht bei uns. Es ist dunkel, und die Sonne zeigt sich erst im Februar wieder. Wann soll ich da noch jagen?«

In einem vor wenigen Monaten veröffentlichten Interview sagte Larry: »Ich bin so traurig. Ich weine in meinem Herzen, wenn ich höre, dass Geld wichtiger ist als die Umwelt. Es ist wichtig, Geld zu verdienen, aber tötet dafür nicht unseren gesamten Planeten im Namen der Industrie.«
Dem ist nichts weiter hinzuzufügen. ///

Ganz im Osten Russlands treffen wir 2002 den Tschuktschen Alexander. Er lebt außerhalb der Stadt Enurmino für einige Wochen zusammen mit seinem Enkel in einem Camp, um zu fischen und ihm die traditionelle Lebensweise seines Volkes beizubringen.

Alexander erzählt uns, dass er Fische fängt, für die sein Volk keinen Namen hat. Die, die er früher gefangen hat, kommen nicht mehr. Auswirkungen des Klimawandels? Das Meer wird wärmer.

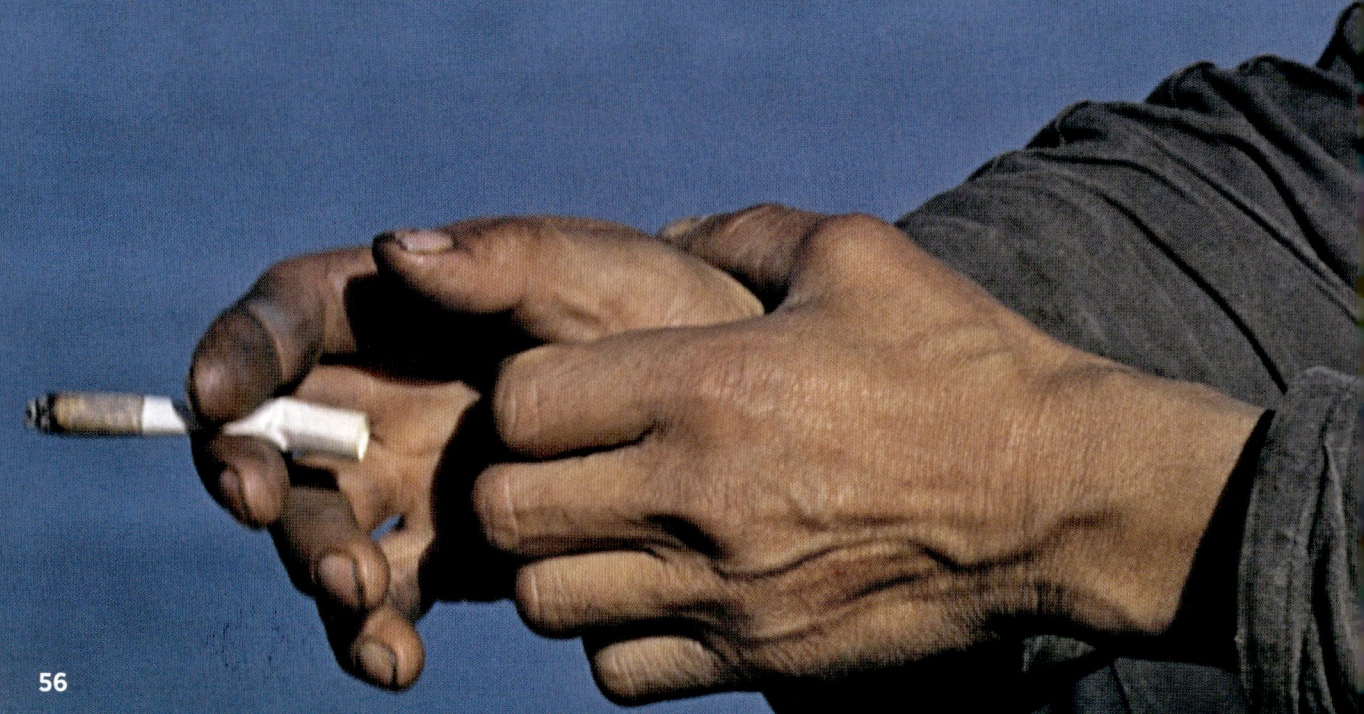

Im
Niemands-
land

Ruhe im Basislager. Der Abend vor dem Start. Die Hunde liegen gut geschützt durch ihren dicken Pelz und warten darauf, dass sie gefüttert werden.

Als Avanersuaq – den entlegensten Teil im äußersten Norden – bezeichnen die Grönländer den Nordteil Grönlands

Es ist Anfang April. Seit acht Tagen leben wir in Zelten auf dem Eis. Die Häuser von Qaanaaq, einem kleinen Ort im Nordwesten Grönlands mit rund 650 Einwohnern, sind so verlockend nah – aber es ist Akklimatisation angesagt. Neidisch blicke ich auf die 21 grönländischen Schlittenhunde. Es ist –30 °C kalt, und es geht ein leichter Nordwind. Mich friert, die Hunde stört die Eiseskälte nicht. Satt und zufrieden blinzeln sie zu mir herüber, ansonsten schlafen sie. Feiner Flugschnee sammelt sich auf ihrem dicken Fell. Das lässt so gut wie keine Körperwärme nach außen dringen, sodass der Schnee nicht zu tauen beginnt. Er bleibt wie feiner Puderzucker einfach auf dem Fell liegen. Morgen wollen wir aufbrechen. Ziel der Expedition ist es, mit Hundeschlitten eine Region aufzusuchen, die so abgelegen ist, dass selbst die Grönländer sie als Avanersuaq bezeichnen – als das »Land im entlegensten Norden«. Dieser Teil Grönlands ist extrem schwer zugänglich. Das Meereis entlang der Küste ist nicht mehr befahrbar. Es ist zu brüchig. Durch den Klimawandel hat sich die Region grundlegend verändert. Die Einheimischen haben uns vor dem dünnen und trügerischen Eis gewarnt. Die Landschaft zwischen Qaanaaq und dem Washington-Land im Norden ist eine Art Niemandsland, eine Wildnis, wie sie einsamer nicht sein könnte.

Vor über 4.000 Jahren kamen die ersten Menschen nach Grönland. Sie wanderten von Kanada aus über die gefrorene Meereslandschaft des Smithsunds.

Wir sind zu viert – meine Frau Brigitte Ellerbrock, Brent Boddy aus Kanada und der deutsche Kameramann Martin Varga. Wir haben die Tiere in zwei Gespanne aufgeteilt. Ein Gespann mit elf Hunden wird von Brent und Martin geführt, das andere mit den verbleibenden zehn Hunden übernehmen Brigitte und ich. Wir verfügen jetzt über zwei eigenständige Hundefamilien, mit denen wir für die nächsten zwei Monate auf Gedeih und Verderb verbunden sind. Unsere erste Etappe beträgt etwa 80 Kilometer bis Siorapaluk, der letzten und nördlichsten Siedlung Grönlands. Diese Etappe ist für uns gewissermaßen die Generalprobe. Zum ersten Mal seit unserer Ankunft in Grönland erlauben wir uns den Luxus eines geheizten Hauses. Wir schälen uns aus den diversen Schichten Fleece und Funktionsunterwäsche, trocknen die Schlafsäcke, Strümpfe, Innenschuhe, Handschuhe und Ausrüstungsgegenstände. Eine heiße Dusche – das ist Luxus pur!

Beim Queren von Gletscherspalten gehe ich vor dem Gespann, um den Hunden den sicheren Weg zu weisen. Die Peitsche hält die Hunde auf Abstand und verhindert, dass sie mich überholen.

In Siorapaluk treffen wir zwei grönländische Jäger, die uns über den zerklüfteten Gletscher hinauf zum Inlandeis und auf der anderen Seite wieder hinunter zur Küste lotsen wollen. Am Abend öffnet sich die Haustür, und die beiden Jäger treten ein, klopfen sich den Schnee von den Kamiks – den traditionellen Stiefeln – und setzen sich zu uns an den Tisch. Sie freuen sich auf die bevorstehende Expedition. Es gibt nicht mehr viele Grönländer, die die alte archaische Lebensweise repräsentieren. »Last chance to see« – der traditionelle grönländische Jäger ist eine aussterbende Spezies. Ich möchte ihr Wissen und ihre Lebensform dokumentieren, von ihnen und ihrer Lebensart lernen. Mit ernster Miene teilt uns Qidluqtooq mit, dass der geplante Aufstieg zum Inlandeis über den Clemens-Markham-Gletscher nicht

Der Aufstieg zum steilen Meehan-Gletscher verlangt Mensch und Tier alles ab. Vom Fjord aus müssen die 400 Kilogramm schweren Schlitten bis auf 1.400 Meter des grönländischen Inlandeises gebracht werden. Dabei koppeln wir mehrere Gespanne hintereinander, um die schwere Last bergauf zu ziehen. Zwei Tage dauert das, dann haben wir es geschafft.

möglich sei. Vor wenigen Tagen ist dort das Eis aufgebrochen, hat ihm ein Jäger erzählt. »Wieso jetzt schon?«, frage ich überrascht. »Das Meereis ist viel dünner als früher. Ein kräftiger Sturm, und schon bricht es auf. Wir müssen über den Meehan-Gletscher aufsteigen«, sagt er.

Am nächsten Morgen verteilen wir unsere Schlittenlasten auf die insgesamt vier Gespanne. Die beiden Jäger sind lange vor uns fertig mit dem Stauen, und ohne sich weiter um uns zu kümmern, schwingen sie sich behände auf ihre Schlitten und treiben ihre Hunde an. Wir sehen sie erst Stunden später am Fuß des Meehan-Gletschers wieder. Sie haben sogar schon die Aufstiegsroute erkundet. Beim Anblick des Gletschers sinkt unser Mut. Er ist steil, mit Spalten, blankem Eis und dann wieder mit Tiefschneefeldern durchsetzt – und er ist lang. 1.400 Höhenmeter müssen wir bewältigen. Mit Hunden und einigen Hundert Kilogramm an Ausrüstung. Dieser Gletscher lässt uns zweifeln. Die beiden Jäger wollen uns bis an die Küste des Smithsunds begleiten. Am Ufer des Sunds steht eine kleine Hütte, von der aus sie jagen wollen. In dieser einen Woche, in der wir mit den beiden zusammen reisen, sollen wir in einer Art Intensivkurs mehr über Hundeschlitten erfahren als in den fast drei Jahrzehnten zuvor. Kurz entschlossen nehmen sie ein langes Seil und spannen ihre beiden Hundegespanne hintereinander vor eines unserer Teams. Während wir von hinten schieben, spurten die beiden neben ihren Hunden her und treiben sie mit lauten Rufen an. Das Unglaubliche passiert. Die 30 Hunde ziehen den ersten der schweren Schlitten den Steilhang empor, kaum dass wir Schritt halten können. Danach spannen sie ihre Hunde ab, gehen mit ihnen den Hang hinunter, als würden sie Gassi gehen. Die Hunde gehorchen ihnen aufs Wort. Das Prozedere wiederholt sich, bis alle Schlitten den ersten Aufschwung bewältigt haben. Wir zählen nicht, wie oft wir im Verlauf des Aufstiegs den Gletscher hoch und wieder runter gelaufen sind, um den nächsten Schlitten nachzuholen. Endlich, am Ende des zweiten Tages, haben wir es geschafft. Vor uns breitet sich das Inlandeis aus.

Am nächsten Tag beginnen wir bereits wieder mit dem Abstieg zu der Rensselaer-Bucht. Dort steht die einsame, vor vielen Jahren errichtete Hütte, von der aus die beiden Jäger jagen wollen. Das gerade mühsam errungene Hochplateau neigt sich, wird steiler, bis es in eisigen Kaskaden wieder den Boden erreicht. Weiter geht es durch Täler und Schluchten, über Bergrücken, durch gefrorene Flussläufe hin zur

Küste. Es ist Niemandsland. Staunend beobachten wir, wie selbstverständlich sich die beiden Jäger in Schnee, Eis und Kälte bewegen. Wenn wir am Ende des Tages in unsere sturmerprobten Zelte kriechen, graben sie sich ein etwa ein Meter tiefes Loch in den Schnee und spannen eine Leinwand als Zeltplane, darüber die schon mehrere Jägergenerationen erlebt haben muss. Da sie auch keine Schlafsäcke haben, sondern tags wie nachts nur ihre Eisbärfellhosen und Parkas tragen, lassen sie ihre Primuskocher die ganze Nacht brennen, um eine erträgliche Temperatur zu bekommen. Wir stecken dagegen bis über die Ohren verpackt wohlig warm in unseren dicken Polarschlafsäcken. Die beiden haben auch nur wenig Lebensmittel, geschweige denn Hundefutter dabei. »Wir finden schon etwas zu essen«, sagen sie. Auch wenn wir kein Wild jemals zu Gesicht bekommen, den Jägern entgeht

Die Pfoten der Hunde sind bestens gegen die brutale Kälte geschützt. Nur wenn sich Schneeklumpen zwischen den Ballen bilden, können sich Verletzungen einstellen. Jeden Morgen vor dem Start kontrollieren wir die Pfoten und cremen sie mit einem speziellen Pfotenbalsam ein. Die Hunde genießen dieses Ritual.

nichts. Jeden Tag kehren sie mit irgendeiner Beute zurück. Wir teilen alles, das Petroleum zum Kochen und Heizen, die Kekse, die Schokolade, das frisch gekochte Wild, unsere gefriergetrockneten Trekkingmahlzeiten, den Tee, den Kaffee – kurzum alles, was wir aufbieten können. Es sind glückliche Tage! Wir vermissen nichts. Es gibt kein Klo, keine Dusche – überhaupt kein fließend Wasser. Um Wasser zu bekommen, müssen wir 500 Meter weit laufen und mit einer Axt Eis von einem gestrandeten Eisberg abhacken. Danach schleppen wir es in die Hütte, um es zu schmelzen. Das dauert. Zum Waschen ist das Wasser viel zu kostbar. Wir leben unter einfachsten Verhältnissen und gerade deshalb so intensiv. Keine Ablenkung, kein Überfluss – alles nur notwendige, elementare Dinge. Dabei sind wir ausgelassen wie die Kinder. In der Hütte stinkt es nach feuchten Tierfellen, gekochtem

Fleisch, alten Socken, Petroleum und Hund. Es ist uns egal – es ist herrlich. Am 9. Tag nach unserem Aufbruch von Siorapaluk kommt der Tag der Trennung. Von hier aus ziehen wir allein weiter nach Norden. Der Abschied ist kurz und herzlich, danach helfen sie uns noch, die schweren Schlitten, die jetzt wieder die gesamte Last tragen, über die Packeisbarrieren zu wuchten, und dann sind wir unterwegs.

22 Tage sind wir seit dem Aufbruch von Qaanaaq unterwegs. Die Sonne geht nicht mehr unter, trotzdem bleibt es kalt. Die Temperatur liegt immer noch bei −30 °C. Unsere Gesichter sind vom Frost und von der Sonne verbrannt. Zerfurchte Klippen säumen den Küstenverlauf. Das Packeis liegt wie die Hinterlassenschaft eines gewaltigen Erdbebens vor uns. Ein Trümmerfeld, bestehend aus tonnenschweren Eisschollen. Eispressungen haben das Eis bersten lassen und es aufgetürmt. Es ist Knochenarbeit. Einer von uns läuft ständig voraus, um die Hunde durch dieses Labyrinth zu lotsen. Der andere zerrt und schiebt den Schlitten durch die schmalen Durchlässe im Eis. Trotz der Kälte geraten wir ins Schwitzen. Zwischen den Eispressungen sehen wir immer wieder neugierige Eisbären. Sie laufen weg, wenn wir uns nähern, denn sie kennen keine Menschen, und die Hundemeute ist ihnen suspekt. In der Ferne sehen wir die ersten Robben auf dem Eis liegen – der Frühling

Die Eislandschaft wirkt häufig wie nach einem schweren Erdbeben. Eisschollen türmen sich übereinander, es entsteht ein unwegsames Gelände. Zudem muss man ständig auf Eisbären aufpassen.

naht. Menschen treffen wir nicht – woher sollten sie auch kommen? Am 28. April schwenken wir in das Kane Basin ein, dessen östliche Begrenzung der gewaltige Humboldtgletscher ist – der größte Gletscher der Nordhalbkugel. Die Ausmaße dieser Eiszunge lassen sich kaum erfassen. Sie sind so gewaltig, dass man ihn kaum als Gletscher wahrnimmt, seine Abbruchkante misst 100 Kilometer. Riesige Tafeleisberge, die im letzten Sommer gekalbt sind, liegen eingefroren in der gigantischen Bucht. Unsere Hundefamilien halten uns auf Trab. Irgendetwas gibt es immer zu tun. Schneekügelchen bilden sich zwischen den Pfoten, das ist schmerzhaft für die Tiere. Also ist Pediküre angesagt. 84 Hundepfoten werden mit der Nagelschere von überflüssigen Fellresten befreit und dann die Ballen mit einer besonderen Salbe die Ballen eingerieben. Die Hunde finden das toll und werfen sich schon auf den Rücken, wenn wir uns ihnen mit dem Cremetopf nähern. Tagelang reisen wir an der gewaltigen Abbruchkante des Humboldtgletschers entlang. Es ist anstrengend und großartig zugleich. Wir fahren durch ein Labyrinth aus Eiskastellen und bizarren

Auch das kommt vor, wenn man abseits der normalen Pfade reist: Unsere Schlittenhunde werden von einem Polarwolf beschnuppert. Die Ähnlichkeit der beiden Arten ist wirklich erstaunlich.

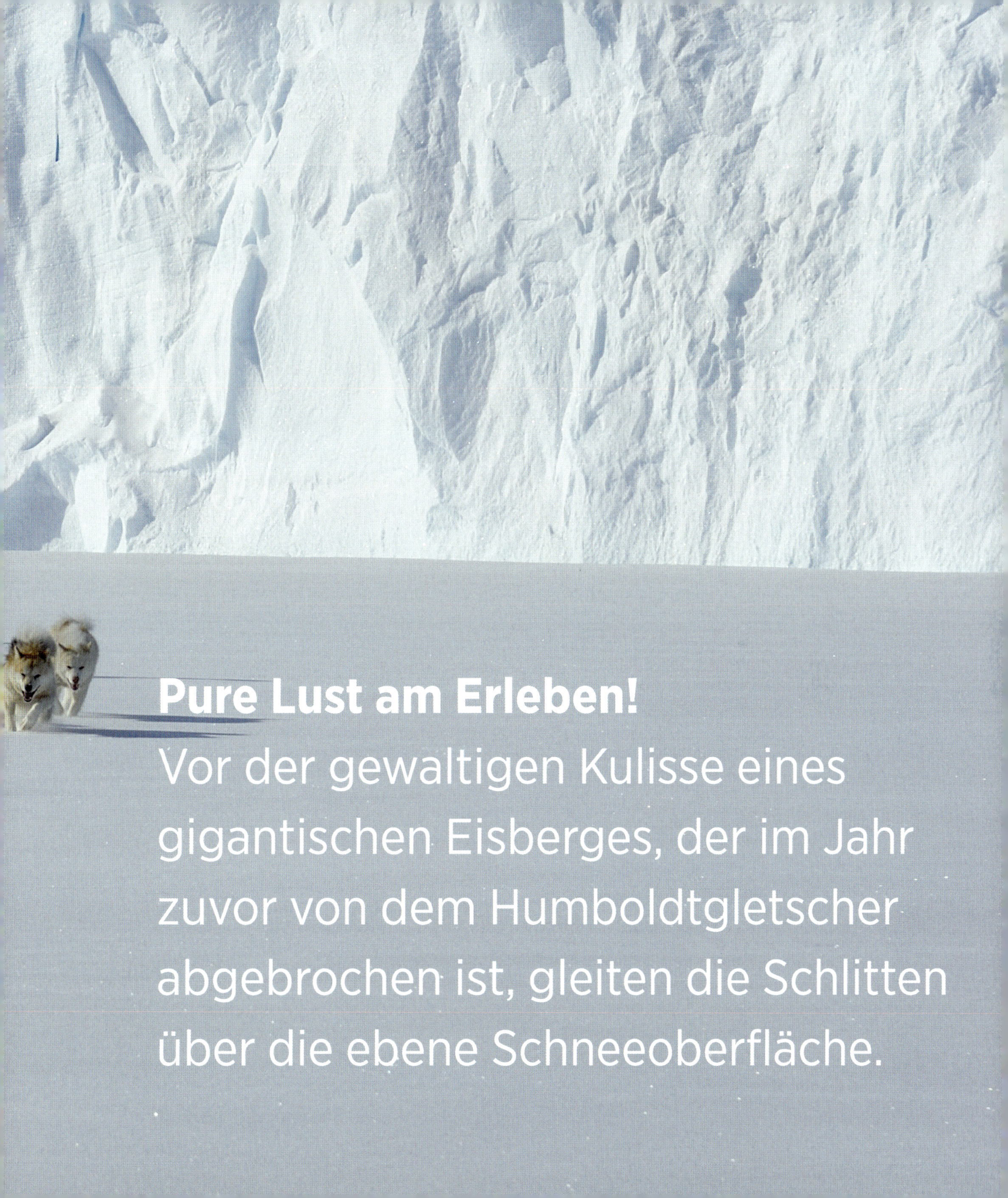

Pure Lust am Erleben!
Vor der gewaltigen Kulisse eines gigantischen Eisberges, der im Jahr zuvor von dem Humboldtgletscher abgebrochen ist, gleiten die Schlitten über die ebene Schneeoberfläche.

Nach der langen Polarnacht
steigt im Norden Grönlands
die Sonne zum ersten Mal
wieder über den Horizont und
bringt damit das lang
ersehnte Tageslicht in die
Siedlung Qaanaaq zurück.
Kalt bleibt es trotzdem.
Die Temperatur liegt
bei –38 °C.

Formationen – als hätte ein Bildhauer Hand angelegt. Dort, wo der Gletscher im Norden endet, beginnt das Washington-Land – der nördlichste Punkt unserer Expedition. Am 6. Mai beginnen wir erneut mit dem mühseligen Aufstieg zum Inlandeis. Das Wetter ist gekippt, die ersten Frühjahrsstürme brechen mit aller Macht über uns herein. Mühsam steigen wir im tiefen Neuschnee den gewaltigen Humboldtgletscher zum Inlandeis hinauf. Heftige Schneestürme nageln uns in unseren Zelten fest. Erst am 11. Mai erreichen wir eine Höhe von 920 Metern. Von hier aus geht es südwärts. Im Westen sieht man den Humboldtgletscher sich in sanften Schwüngen zur Küste hin neigen, während in alle anderen Himmelsrichtungen unendliche Weite vorherrscht. Wir bewegen uns wie ein Schiff auf hoher See. Am 24. Mai erreichen wir wieder den Meehan-Gletscher. Die steilen, eisigen Hänge, die wir mit den Jägern 40 Tage zuvor aufgestiegen sind, müssen wir jetzt bergab allein bewältigen. Es ist ein halsbrecherisches Unterfangen. An besonders steilen Hängen mit 45° Neigung bauen wir eine Sicherung, um die Schlitten mit einem Bergseil kontrolliert abrutschen zu lassen. An anderer Stelle sitzen wir wie Rodeoreiter auf dem Schlitten, um ihn durch die Eisplatten und Spaltenzonen zu lenken. 16 Stunden sind wir durchgehend auf den Beinen, dann lagern wir schließlich völlig erschöpft wieder am Fuß des Gletschers. Wir haben es geschafft. Es bleibt nur wenig Zeit. Es ist der 26. Mai, überall bricht das Eis auf, taut der Schnee. Der Frühling ist da.

»Hab ich doch gleich gesagt , dass das eine nette Reise wird«, meint Ikuo. Der Jäger hält den Ball flach und neigt nicht zu Übertreibungen.

Am 27. Mai, nach rund 800 Kilometern, erreichen wir Qaanaaq. Der schwerste Moment der ganzen Expedition steht uns jetzt bevor – die Trennung von den Hunden. Zum Glück geht es schnell. Die Besitzer nehmen ihre Hunde in Empfang, kaum dass wir Zeit haben, uns von ihnen zu verabschieden. Alle 21 Hunde sind topfit und gesund. Sie gehören hierher. Auf sie warten neue Aufgaben. ////

Auf zu neuen Ufern! Geradezu filmreif tauchen die ersten Vulkane bei allerfeinstem Wetter vor dem Bug der DAGMAR AAEN auf.

Krieg und Frieden

Ich habe mal nachgerechnet – die DAGMAR AAEN war häufiger in Dutch Harbor auf den Aleuten als in Kiel.

Unser Schiff, die DAGMAR AAEN, ist keine Unbekannte in Dutch Harbor. Mit einem freundlichen »Welcome back« werden wir über Funk vom Harbourmaster begrüßt. Erst letzten Herbst hatten wir hier von der sibirischen Nordostpassage kommend Station gemacht. Schutz vor den häufig auftretenden Stürmen ist hier das wichtigste Kriterium für einen guten Liegeplatz.

Denn die Aleuten werden ihrem Ruf als die »Wiege der Stürme« mehr als gerecht. Das, was Kap Hoorn im Süden ist, sind die Aleuten im Norden. Die TV-Serie *The Deadliest Catch* spiegelt das harte Leben der Fischer und die furchtbaren Stürme gut wider.

Dutch Harbor lebt von der Fischerei. Das spürt man sofort. Der Hafen ist gut gefüllt mit Fischereischiffen jeder Größe. Hochmoderne Hochseetrawler liefern den unersättlichen Fischfabriken den benötigten Nachschub. Hinter den Gebäuden erstrecken sich saftig grüne Wiesen, die sich an den steilen Flanken der aus Vulkangestein bestehenden Berge hochziehen und aus denen immer wieder der leuchtend weiße Kopf eines Weißkopfseeadlers hervorlugt. Dutch Harbor hat auf eine Art, wie sie allen Fischereihäfen eigen ist, Atmosphäre. Aber es ist schon ein recht spröder Charme, der sich nach einigen Tagen erschöpft.

Das Wetter auf den Aleuten ist am besten mit dem von Kap Hoorn zu vergleichen. Immer wieder treten heftige Stürme auf. Die extremen Windgeschwindigkeiten generieren einen hohen und gefährlichen Seegang.

Nach ein paar Tagen setzen wir den Kurs direkt auf die rund 700 Seemeilen entfernte Insel Attu ab. Die Insel bildet den westlichsten Punkt der USA. Unmittelbar dahinter beginnt Russland.

Gleichmäßig hebt und senkt sich der Bug der DAGMAR AAEN in der langen Dünung der Beringsee. Wir segeln bei leichtem Wind an den sattgrünen Berghängen der Insel Unalaska vorbei, in deren Flanken sich silbern glänzende Sturzbäche winden. Die schneebedeckten Vulkankegel, die moosgrünen baumlosen und meist in dichten Wolken verschleierten Inseln üben einen ungemein starken Reiz aus. Mich faszinieren einsame Inseln, insbesondere wenn sie so abweisend scheinen und fernab aller Routen liegen wie diese. Als wir nach einer stürmischen Überfahrt im

Kriegsschrott auf der Aleuteninsel Kiska. Während des Zweiten Weltkrieges bekämpften sich unter furchtbaren Verlusten die Japaner und die Amerikaner. Ihre Schiffswracks säumen bis heute die Bucht.

Windschutz der Insel Attu in die Holtz Bay einlaufen, ist die plötzliche Stille überwältigend. Die Insel liegt ruhig und friedlich vor uns.

So friedlich und einsam war es keineswegs immer.

Als 1942 die Japaner die Inseln Attu und Kiska besetzten, führte das zu einer Großoffensive der Amerikaner. Die Folgen davon sind am Strand von Attu und Kiska überall zu sehen: Schiffswracks, Mini-U-Boote. Kanonen samt Munition und jede Menge verfallener Gebäude. Tausende von Japanern starben, größtenteils durch die eigene Hand, als die Niederlage unabwendbar wurde. Die Amerikaner hingegen verloren mehr Soldaten durch Sturm und Kälte als durch Kriegshandlungen.

Auf dem Rückweg von Attu nach Dutch Harbor wollen wir die einzelnen Inseln besuchen. Das Segeln von Insel zu Insel ist anspruchsvoll: Die teilweise über 2.000 Meter hohen Vulkane warten immer wieder mit wechselnden Windrichtungen und

Der amerikanische Bergsteiger Scott Darsney aus unserem Team erklimmt zusammen mit einem weiteren Crewmitglied einen der Vulkane der Islands of Four Mountains.

Sturmböen, so genannten Williwaws, auf, die unvermittelt von den Flanken der Berge oder aus den Tälern heraus stürmen. Dazu kommt Nebel, der gerade in den Sommermonaten zäh, kalt und undurchdringlich ist – umso intensiver empfindet man die Tage mit Windstille und Sonnenschein.

Dem Bogen der Inseln folgend, passieren wir die Insel Amchitka, auf der das US-Militär in den Sechzigerjahren des letzten Jahrhunderts Atombomben testete, infolgedessen die Insel zum Sperrgebiet erklärt wurde. Das gilt bis heute. Im Verlauf der Proteste gegen diese Tests gründeten Umweltschützer eine Umweltschutzorganisation, die heute jeder kennt: Greenpeace.

Ein Vulkankegel nach dem anderen zieht vorbei. Unser amerikanisches Crewmitglied Scott Darsney verschwindet mit seiner Bergausrüstung an Land, sobald der Anker in einer Bucht gefallen ist, um erst viele Stunden später verschwitzt, schmutzig und müde an Bord zurückzukehren. Auf jeder Insel, auf der wir anlanden, besteigt er mit einigen anderen aus der Crew den höchsten Berg. Hier gibt es keine Trails oder Wege. Das Laufen über das lose Geröll ist anstrengend. Da die Inseln alle vulkanischen Ursprungs sind, besteht der Untergrund aus Vulkan-

Fast 3.000 Meter hohe Vulkankegel, grüne Täler, heiße Quellen und tosende Stürme bilden eine Landschaft wie aus einer anderen Welt.

asche und porösem Gestein. Hinter den unberührten Sandstränden wächst das Gras teilweise bis auf Brusthöhe. Heiße Quellen liegen versteckt in den Tälern, und die Lupinenfelder und Wiesen voller bunter Blumen, in denen die Seevögel ihre Nester bauen, wirken wie Farbtupfer auf einem Gemälde. Die Natur hat die Inseln zurückerobert. Die Kriegshinterlassenschaften verfallen zusehends – was gut ist. Gelegentlich stolpert man über einige Walrippen, die ehemals das Dach einer sogenannten Barabara, des traditionellen Erdhauses der Ureinwohner, gebildet haben. Die Menschen aber fehlen auf den Inseln! Bis auf 9.000 Jahre zurück lässt sich ihre Kultur mittlerweile zurückverfolgen. Die Namen der Inseln klingen geheimnisvoll wie aus dem Opus *Herr der Ringe*: Tanaga Kasatochi, Gareloi, und sie wirken auch optisch so.

Das Highlight der Aleuten ist wahrscheinlich eine Gruppe von Inseln, die den Namen »Islands of Four Mountains« trägt. Der Vulkankegel des Mount Carlisle und der

des Mount Cleveland heben sich weithin sichtbar bis auf 2.500 Meter so ebenmäßig wie der Fujijama aus dem Meer. Aus dem Krater des Mount Cleveland ziehen Rauch- und Dampfschwaden empor, bevor sie vom Wind erfasst, davon getragen und zerstreut werden. Das Problem der Inseln ist das notorisch schlechte Wetter, das geradezu sprunghaft wechselt, sowie das völlige Fehlen geschützter Ankerplätze.

Mit Mühe schaffen wir es, Scott und Torsten samt Zelt, Funkgerät und Proviant für mehrere Tage durch die Brandung an den Strand zu bringen. Die beiden wollen den Mount Cleveland besteigen. Der Wind wird durch die Berge dermaßen abgelenkt, dass er aus allen Richtungen zu kommen scheint. Der Aufstieg zum Krater ist wegen des losen und porösen Gerölls mühselig und gefährlich. Immer wieder geraten sie auf den steilen Flanken ins Rutschen, werden ständig von fliegenden Gesteinsbrocken bombardiert. Der Mount Cleveland ist ein aktiver Vulkan. In Kra-

Ein Warnschild, das man sehr ernst nehmen sollte – inmitten der idyllischen Natur findet sich überall scharfe Munition – Reste des letzten Weltkriegs.

ternähe werden die schwefligen Rauchfahnen vom Sturm waagerecht davongetragen. Die letzten Meter bis zum Kraterrand sind wegen des zunehmenden Bom-
bardements so gefährlich, dass Scott sich zum Abstieg entschließt. Über Kurzwelle
halten wir Kontakt mit den beiden. Erst nach zwei Tagen können wir sie wieder
an Bord nehmen.

Die Zeit des gemäßigten Wetters ist jetzt endgültig vorbei. Es gibt keinen Ankerplatz, an dem wir uns sicher fühlen könnten, es bläst aus allen Knopflöchern.
Die Inseln zeigen sich abweisend und schroff und vielleicht gerade deshalb von
ihrer faszinierendsten Seite. 42 Tage und 3.291 Kilometer liegen hinter uns, als
wir schließlich wieder in die Bucht von Dutch Harbor einlaufen. »So you are back
again«, werden wir freundlich vom Harbourmaster begrüßt. Und natürlich bekommen wir wieder unseren alten Liegeplatz zugeteilt – als wären wir nie fort gewesen.

Die klare Luft des hohen Nordens ermöglicht eine unglaubliche Fernsicht.
Distanzen scheinen zu schrumpfen, man verschätzt sich bei den Ent-
fernungen. Wir sind gefangen – nicht vom Eis, sondern von der Schönheit
und Erhabenheit dieser weitgehend unberührten Natur. Zeitgleich sind wir
uns unserer Zerbrechlichkeit bewusst: Die DAGMAR AAEN (in der Bildmitte
unten) ist aus der Sicht der Drohne kaum zu erkennen.

Uner-wartete Schönheit

Der Ostgrönlandstrom verbot früher jede Annäherung an die Küste. Wie ein Förderband transportierte er ununterbrochen riesige Eisfelder vom Nordpol Richtung Süden. Heute ist das Eis im Sommer weitgehend verschwunden

Es sind die schieren Dimensionen, die einen immer wieder staunend innehalten lassen. Irgendwie haben wir das Gefühl, auf einem Hochgebirgssee zu segeln, nicht aber auf einem Fjord, also auf Meereshöhe. Die Berge zu beiden Seiten sind unglaubliche 2.000 Meter hoch, von einem stürzt ein Wasserfall aus rund 1.500 Meter Höhe hinunter. Wären nicht die Karten, aus denen wir die Höhe ablesen könnten, wir würden es nicht glauben. Erst wenn man an Land steht und vor den Felswänden die Silhouette der DAGMAR AAEN liegen sieht, beginnt man zu begreifen. Selbst die Eisberge wirken irgendwie verspielt in dieser Felsarena. Die von keinen Abgasen oder Dunst verschleierte Luft ist glasklar und lässt die Distanzen schrumpfen. Alles wirkt dicht, kompakt, unmittelbar, zum Anfassen. Wir sind im tiefsten Inneren des Kejser Franz Josef Fjordes, der Bestandteil des Nationalparks Ostgrönland ist, dem mit 900.000 Quadratkilometern größten Nationalpark der Welt.

Nach Grönland zu segeln stellt immer eine Herausforderung dar. Aber anders als die relativ gut zugängliche Westküste liegt der Nordosten meist hinter einer breiten Eisbarriere verborgen, die vom Ostgrönlandstrom mitgeführt wird. Die Liste der havarierten und gesunkenen Schiffe ist lang. Mit dem »Storis« – dem großen Eis –, wie die Dänen sagen, ist wahrlich nicht zu spaßen. Im Gegensatz zur dichter besiedelten Westküste gibt es an der Ostküste nur zwei grönländische Siedlungen: Im Südosten ist es der Tasiilaq-Distrikt, in dem mehrere kleine Kommunen angesiedelt sind, sowie weiter nördlich Ittoqqortoormiit, ein etwa 500 Seelen zählendes Dorf im Scoresbysund. Nördlich davon gibt es nur noch eine Handvoll kleiner Wetter- oder Militärstationen. Bereits vor Jahren waren wir mit der DAGMAR AAEN im Scoresbysund gewesen und hatten nach einer Überwinterung alle Mühe und manch sorgenvollen Moment durchlebt, bevor wir einen Durchschlupf durch das Eis fanden und gerade noch rechtzeitig vor dem erneuten Wintereinbruch die Heimreise antreten konnten. Den ursprünglichen Plan weiter nach Norden zu segeln, mussten wir damals verwerfen. Das Eis war seinerzeit selbst für eisbrechende Schiffe unpassierbar.

Das hat sich seitdem geändert. Nirgendwo sonst auf der Erde sind die Auswirkungen der Klimaerwärmung so deutlich erkennbar wie in der Arktis. Davon ist auch

Die Wahrnehmung der Dimensionen verschieben sich in der Arktis. Selbst gewaltige Eisberge wirken hier Spielzeug.

die Ostküste Grönlands nicht ausgenommen. Deshalb haben wir uns vorgenommen, im Rahmen dieser Reise einen Zustandsbericht einiger Gletscher zu erstellen. Anhand von Fotografien einer historischen Expedition aus dem Jahr 1930 wollen wir aktuelle Vergleiche ziehen, um zu dokumentieren, wieweit sich die Gletscher in den letzten Jahrzehnten verändert haben.

Als wir am 9. August 2006 von Island kommend die grönländische Küste schemenhaft durch Nebelbänke mehr ahnen als sehen können, ist die See so gut wie eisfrei. Wir nutzen die Gunst der Stunde und segeln entlang der Liverpool-Küste nach Norden Richtung Kong Oscar Fjord. Kurz darauf schläft der Wind vollends ein. Wir

Bereits von 1997 auf 1998 hat die DAGMAR AAEN einen Winter im Scoresbysund an der Ostküste Grönlands verbracht. Dabei wäre sie fast von einer Lawine verschüttet worden. Der Lawinenkegel reichte bis auf wenige Meter an das Heck des Schiffes heran, das später mühselig per Hand freigeschaufelt werden musste.

starten die Maschine, bergen die Segel und fahren dicht unter der Küste entlang. Vereinzelte Eisschollen, hin und wieder ein Eisberg, ansonsten ist die See frei, die Oberfläche wirkt wie Glas. Namen wie Vejle Fjord, Horsens, Carlsberg oder Kolding versetzen einen zurück in die Dänische Südsee, doch es gehört schon eine gehörige Portion Heimweh oder doch zumindest Vorstellungskraft dazu, in den vergletscherten und zerklüfteten Gebirgsformationen das sanfte Jütland wieder zu finden.

Dennoch ist das Erscheinungsbild Grönlands viel abwechslungsreicher, als es zu vermuten wäre. Unser erster Ankerplatz in Grönland heißt Antarctic Havn. Der Name lässt karge Landschaft erwarten, wäre da nicht die Verlängerung des Fjordarmes der den Namen Blomsterdahl trägt. Und dort ist es wirklich grün, es blüht sogar. Auf Grönland beschleicht mich immer wieder das Gefühl, als versuche die Natur eine Gratwanderung zwischen Dauerfrost und Artenvielfalt. Die Luft ist mild, Moskitos summen um unsere Köpfe, und in der Ferne zeichnen sich dunkle Punkte ab – Moschusochsen, die immerhin ausreichend Pflanzennahrung vorfinden, um entlang der Küste zu leben.

Umgeben von gestrandeten Eisbergen, schwoit die DAGMAR AAEN um ihren Anker. Alles wirkt still und friedlich. Unser Expeditionsmaler Rainer Ullrich steht an Deck und fängt die Farben und Stimmungen in zarten Aquarellen und Acrylzeichnungen ein. Es ist unmöglich, von dieser Landschaft nicht gefesselt zu sein.

Anhand eines Expeditionsberichts der Amerikanerin Louise Boyd, die 1930 mit dem Schiff VESLEKARI dieses Fjordsystem erkundet hat und dabei erstmals Fotos in hoher Qualität anfertigte, versuchen wir die von ihr fotografierten Gletscher wiederzufinden. Indem wir genau die gleiche Position einnehmen, können wir ablesen, ob und wie sich die Gletscher in den letzten Jahrzehnten zurückgezogen haben. Innerhalb der Gletscherregionen gibt es Schwankungen und Unterschiede, doch durchschnittlich ist in den letzten zehn bis 15 Jahren doppelt so viel Gletschermasse geschmolzen wie im Zeitraum 1961 bis 1990. Besonders in den letzten Jahren ist die Abschmelzrate nochmals deutlich gestiegen. Im Klartext bedeutet das, dass der von uns beobachtete Rückgang vermutlich in einem weit kürzeren Zeitraum stattgefunden hat als in den letzten 80 Jahren. Grönland verliert aktuell jährlich 266 Gigatonnen an Eis. Eine Gigatonne entspricht etwa einem Kubikkilometer Was-

ser. Das ist mehr als dreimal so viel Eis wie in den Jahren vor 2003. Zum Vergleich: Der Bodensee enthält etwa 48,5 Gigatonnen Wasser.

Hinter jeder Fjordbiegung erwarten uns neue Überraschungen. Je weiter wir die Fjorde landeinwärts fahren, desto steiler, gewaltiger und eindrucksvoller wird die Landschaft. Zwischen den fast erdrückend wirkenden Felswänden plötzlich ein Farbklecks – die Insel Ella Ø. Sanfte Hügel, ein einsamer Moschusochse und einige bunte Hütten, die heute der berühmten Siriuspatrouille als Sommerbasis dienen. Die Siriuspatrouille ist eine Eliteeinheit des dänischen Militärs. Die Bewerber durchlaufen ein hartes Auswahlverfahren, bevor sie in die engere Wahl kommen. Sofern sie es bestehen, dürfen sie für zwei Jahre nach Ostgrönland, um während der Wintermonate mit Hundeschlitten auf langen und sehr schwierigen Routen

Einsteuerung in den Scoresbysund. Von der Eistonne im Mast aus halte ich Ausschau nach der besten Passage durch das dichter werdende Eis. Ein Blick nach unten verdeutlicht, wie dick und massiv das Eis ist.

den Nationalpark zu kontrollieren. Im Sommer sind sie mit Booten und Flugzeugen unterwegs, um Depots für die Wintertouren einzurichten. Zwei junge Soldaten, Rasmus und Lasse, heißen uns auf der Station freundlich willkommen. Gleichwohl bitten sie darum, unsere Genehmigung für die Befahrung des Nationalparks einzusehen. Nachdem sie die Papiere für gut befunden haben, fällt alles offizielle Gebaren von ihnen ab. Grönland ist nicht der Ort für Etikette. Hier trifft man sich auf einer Ebene von Angesicht zu Angesicht, unabhängig von Rang und Namen.

Obwohl die Tage schon langsam wieder kürzer werden, ist es immer noch rund um die Uhr hell. Tagsüber scheint die Sonne vom wolkenlosen Himmel, um abends hinter den Berggipfeln in Richtung Inlandeis zu verschwinden – scheinbar nur, um die ganze Landschaft in ein weiches, pastellfarbeneres Licht zu tauchen. Es ist gigantisch!

Am nächsten Morgen weht es mit 30 Knoten, sodass wir mit zwei Reffs im Großsegel sowie Fock und Klüver um die treibenden Eisberge herumzirkeln. Wir sind fasziniert von diesen Eisgiganten. Immer wieder greifen wir zum Sextanten, um ihre Größe zu ermitteln. Den Abstand finden wir mittels Radar. Einer dieser Eisberge hat eine Höhe von 32 Metern, die eine Kantenlänge beträgt 212 Meter, die andere 186 Meter. Wenn man berücksichtigt, dass jeweils nur etwa ein Achtel eines Eisberges aus dem Wasser ragt, kann man die Dimensionen erahnen. Dieser Eisberg würde ausreichen, um eine Stadt von 90.000 Einwohnern für ein Jahr mit Trinkwasser zu versorgen. Und von diesen Eisriesen treiben jede Menge herum. Würde das grönländische Inlandeis abschmelzen – und es scheint auf dem besten Wege dabei zu sein –, stiege der Weltmeeresspiegel um sage und schreibe 7 Meter – mit entsprechend verheerenden Folgen für alle Küstenregionen unserer Erde.

Irgendwann geht es nicht weiter. Wir erreichen den Nordenskjiöld-Gletscher, der direkt vom grönländischen Inlandeis gespeist wird. Eine mehrere Meilen breite Abbruchkante, von der ständig donnernd Eisberge kalben, versperrt uns den Weg. Zu dicht sollte man sich nicht heranwagen. In der Ferne erblicken wir die Petermannspitze sowie die Payer Tinde. Die Namen erinnern an die sogenannte Zweite Deutsche Nordpolar-Expedition von 1870. Der Geograf August Petermann hatte insgesamt zwei Expeditionen in kurzer Reihenfolge ausgesandt, um eine, wie er hoffte, eisfreie Route entlang der Ostküste Grönlands über den Nordpol hinweg bis nach Alaska zu finden. Ausgerechnet Ostgrönland! Hier war offensichtlich der Wunsch der Vater des Gedankens. Immerhin wurde im Zuge dieser frühen Expeditionen erstmals weite Teile dieses verzweigten Fjordsystems erkundet. Heute hat diese frühe Vision hingegen eine ganz andere Bedeutung bekommen. Die Sommerroute über den Arktischen Ozean scheint aufgrund der Eisschmelze plötzlich in greifbare Nähe gerückt zu sein.

Erst im Bereich der Sabine-Insel stoßen wir auf so dichtes Packeis, dass ich mich zur Umkehr entschließe. Wir haben 74° 22' erreicht, weiterfahren hieße, das Risiko einer Überwinterung einzugehen. Das ist auf dieser Expedition aber nicht beabsichtigt, deshalb segeln wird entlang der Küste Richtung Süden. Vorsichtig steuern wir

Die kombinierte Herangehensweise ist es, die mich fasziniert. Mit dem Schiff nach Grönland segeln, den Landfall machen und die Bergexpedition starten. Das macht es insgesamt für mich zu einem harmonischen und vollendeten Erlebnis.

Drei Teammitglieder von uns besteigen unter der Leitung von Pablo Besser nach einem langen und schwierigen Anmarsch den höchsten Berg Grönlands, den 3.694 Meter hohen Gunnbjørns Fjeld. Er ist zugleich der höchste Berg nördlich des Polarkreises.

Die Siedlung Tasiilaq an der Ostküste Grönlands. Die alpine Landschaft ist Ausgangspunkt für zahlreichen Touren in die Umgebung. Die Häuser sind als Kontrast zu den langen dunklen Wintern leuchtend bunt gestrichen.

die DAGMAR AAEN in den Mikis Fjord und wenig später in den Kangerlugssuaq-Fjord hinein. Letzterer ist so voller Eisberge und Eisbrocken, dass wir uns nur unter Maschine durchboxen können. Man sollte meinen, dass einem das viele Eis und die hohen Berge irgendwann zu viel werden. Das ist aber nicht der Fall. Irgendwie ist jede Bucht, jeder Fjordarm auf eine ganz besondere Art und Weise einzigartig. Trotz der kühler werdenden Temperaturen können wir stundenlang schauen und werden nicht müde dabei. Erst wenn man diese Küste entlangsegelt, bekommt man ein Gefühl für die unglaublichen Dimensionen, die Urwüchsigkeit und die Einsamkeit. Eine Einsamkeit, die nicht bedrückt, sondern beglückt. Der südlichste Punkt unserer Reise ist die kleine Ortschaft Tasiilaq, die uns trotz ihrer überschaubaren Größe geradezu städtisch anmutet. Hier fahren Autos, es gibt Geschäfte, Hotels und natürlich Touristen, die von Island aus eingeflogen werden. Mit einem Mal drängt

Eine Gryllteiste mit ihrer Beute. Dieser Alkenvogel ist der in Grönland am weitesten verbreitete Brutvogel.

Das Kajak erlebt in vielen Orten Grönlands gerade bei jungen Leuten eine Renaissance. Auf dem hinteren Teil des Bootes ist eine traditionelle Schwimmblase aus Robbenhaut befestigt. Dieser mit einem Speer verbundene Auftriebskörper soll verhindern, dass eine harpunierte Robbe im Meer versinkt.

die Zeit. Wir holen uns beim Seewetteramt die aktuellen Wetterprognosen ein. Das schöne Wetter ist vorbei. Als wir am 4. September auslaufen, holt uns wenig später der erste Herbststurm ein. Treibende Eisberge, die man nachts lediglich auf dem Radar ausmachen kann, bis zu 50 Knoten Wind und entsprechender Seegang fordern nochmals den ganzen Einsatz aller Expeditionsmitglieder an Bord. Ich bin die Strecke von Grönland über Island nach Europa schon mehre Male gesegelt. So schlechtes Wetter wie auf dieser Überfahrt hatte ich noch nie. Aber auch das gehört zu einem Besuch Grönlands dazu. Und mag das Wetter auch noch so schlecht sein – wir kommen bestimmt wieder.

///

Während einer Expedition in das Polarmeer nördlich Spitzbergens nehmen Wissenschaftler vom Max-Planck-Institut Eisbohrkerne, um Alter, Salzgehalt, Eisstärke sowie Temperatur und Dichte zu bestimmen. Vom Schiff aus überwachen wir die Arbeiten und halten vor allen Dingen nach Eisbären Ausschau.

Offen
für alle?

Heiß auf Eis: Der Klimawandel macht möglich, was vor 30 Jahren noch undenkbar war

Das Epizentrum des Abenteuers lag bis Ende der Neunzigerjahre in den Hohen Breiten: »No man's Land«. Nordpol, Südpol, die Nordwestpassage oder die Nordostpassage hatten längst ihren festen Platz in den Geschichtsbüchern. Grönland und Spitzbergen waren damals für die meisten Segler als Ziel so abwegig wie eine Reise zum Mond. »Arschkalt« war es dort, nein danke! Man suchte die Wärme, die Sonne, den Sommer. Verleger rümpften die Nase, wenn man ein Buch über eine Reise nach Grönland schreiben wollte. »Warum ausgerechnet Grönland und nicht Griechenland? Wer soll denn das kaufen? Fahr doch mal in die Südsee oder die Karibik. Lauschige Ankerplätze und Palmen, das ist es, was die Menschen sehen wollen.«

Ganz Unrecht hatten sie nicht. Aber es wurden auch die Grönlandbücher gekauft – und nicht zu wenige davon. Wie konnte das angehen? Außer uns gab es vielleicht noch eine Handvoll Segler, die es ins Eis zog. Wir waren eine kleine eingeschworene Gemeinschaft. Man kannte sich, half sich gegenseitig, tauschte Erfahrungen, Seekarten, Wetterberichte und Konservendosen aus. So ähnlich muss es in den Sechzigerjahren den ersten Weltumseglern ergangen sein. Sie waren Vorreiter und lebten die eigenen Träume und auch die von anderen. Man war Wegbereiter, Pionier und Stellvertreter für diejenigen, die sich eine solche Reise nicht ermöglichen konnten – oder sich nicht trauten.

Die Wahrnehmung hat sich verändert. Früher erntete ich nur Kopfschütteln, wenn ich von einer neuen Expedition in die Arktis sprach. Heute erliegen immer mehr Menschen der Faszination der nördlichen Breiten.

Seither hat sich viel verändert. Satellitennavigation und moderne Kommunikationsmittel haben die Angstschwelle vor langen Ozeanpassagen gesenkt und sie auch für jene erreichbar gemacht, die den Umgang mit dem Sextanten und umständlichen Rechenwerken scheuen. Längst ist eine Reise in die Karibik kein Privileg von Aussteigern mehr. Schön ist es dort trotzdem. Aber die Exklusivität ist dahin.

Auch die Boote sind größer und komfortabler geworden. Eine gut funktionierende Bordheizung wird heute nicht mehr mitleidig belächelt und »Weicheiern« und »Warmduschern« zugeordnet – sie ist bei vielen Booten heute Standard. Das alles und eine sich verändernde Natur ließen plötzlich neue Horizonte auftauchen.

Waren wir in den Neunziger-
jahren fast immer die einzigen
Segler, die mit dem eigenen
Schiff anreisten, so gibt es heute
immer mehr gut ausgestattete
Yachten, die sich in den hohen
Norden wagen. Die ungemütlichen
Wetterbedingungen werden
dabei oft unterschätzt.

Vielleicht war es ja doch nicht so abwegig, eine Reise in die Hohen Breiten zu
unternehmen?

Als wir 1997 die DAGMAR AAEN im isländischen Akureyri für eine Überwinterung
im Scoresbysund verproviantierten, wirkten viele Isländer, mit denen wir über unseren Plan sprachen, irritiert. Obwohl nur etwa 200 Seemeilen von der isländischen Westküste entfernt, war Grönland eine No-go-Area. Selbst für Isländer. Die
Dänemarkstraße, die Island von Grönland trennt, genießt zu Recht einen notorisch
schlechten Ruf. Und dann erst das Packeis des Ostgrönlandstromes – nicht selten
hören wir: »Wenn ihr es überhaupt bis dorthin schafft«.

Es sind diese Panoramen, die sich ins
Gedächtnis einbrennen und die
süchtig machen. Wer einmal mit dem
Virus »Sehnsucht nach Grönland«
infiziert ist, bleibt es ein Leben lang.

Die Befürchtungen entbehrten nicht einer gewissen Berechtigung. Die Eisfelder, die der Ostküste Grönlands auch im Hochsommer vorgelagert waren, sind schon vielen Schiffen zum Verhängnis geworden. Damit war wirklich nicht zu spaßen. Unsere Fahrt zum Scoresbysund war entsprechend schwierig. Dabei hatten wir schon jahrelange Erfahrung im Eis vorzuweisen. Ich konnte die Isländer plötzlich verstehen. Seit jener Zeit hat sich viel verändert. Wir sind keineswegs die einzigen mehr, die eine Passage wagen.

In Ittoqottoormiit – der einzigen Siedlung im Scoresbysund – kennt man die DAGMAR AAEN noch. »Ihr habt hier doch überwintert«, werden wir auf Englisch angesprochen. In den Neunzigerjahren war die Ankunft eines Segelbootes noch eine kleine Sensation – ganz zu schweigen von einer Überwinterung. Englisch sprachen damals nur die Dänen im Ort. Heute kommentiert keiner mehr vor Anker liegende Yachten. Die Menschen haben sich an den Anblick gewöhnt. Bei unserem jetzigen Besuch wirken sie ein wenig hektisch. Das ist ungewöhnlich für die ansonsten so gelassenen Grönländer. Aber ein Kreuzfahrtschiff wird erwartet. Die globale Erwärmung macht es möglich. Die Packeisbarriere vor der Küste ist verschwunden. Lediglich einige Eisberge, grandios und mächtig, aber leicht zu umfahren, markieren die Einfahrt zum Sund. Doch nicht nur das: Ein isländisches Unternehmen bietet mit zwei Traditionsseglern Charterfahrten an. Eine Woche dauert so eine Reise. 1997 waren wir die Einzigen im Scoresbysund, heute tauchen fast täglich irgendwelche Schiffe oder Yachten am Horizont auf. Die meisten kommen aus Dänemark, Frankreich, Norwegen, Island und Deutschland.

Auch der Mythos Nordwestpassage hat an Exklusivität verloren. Als wir uns 1993 zum ersten Mal an die Passage heranwagten, waren wir nach der ST. ROCH unter Kapitän Larsen in den Vierzigerjahren und dem Belgier Willy de Roos mit der WILLIWAW in den Siebzigerjahren erst das dritte Schiff, dem es ohne Eisbrecherunterstützung gelang, die Passage innerhalb eines Sommers zu durchfahren. Alle anderen, auch Amundsen, hatten entweder mehrere Jahre dafür gebraucht oder Eisbrecherhilfe benötigt. Insgesamt waren wir damals das 50. Schiff, dem die Passage gelang. Die meisten der Passagen waren ohnehin von Eisbrechern durchgeführt worden. Als wir zehn Jahre später in umgekehrter Richtung von West nach Ost fuhren, waren wir nach einer Überwinterung in Cambridge Bay bereits das 99. Schiff. Früher kannte ich jedes Boot und jeden Skipper mit Namen, der ver-

Begegnung der unheimlichen Art. Bei der Ansteuerung von Ísafjörður an der Nordwestecke Islands liegt ein riesiges Kreuzfahrtschiff vor Anker. Es ist so groß, dass es nicht in den Hafen passt.

sucht hatte, die Passage zu durchfahren. Inzwischen habe ich aufgehört zu zählen. Es sind einfach zu viele geworden.

Möglich geworden sind diese Passagen durch das allgemeine Tauwetter in der Arktis. Immer dann, wenn sich im arktischen Sommer ein wenig mehr Eis in der Passage hält als in den Jahren zuvor, verspürt man noch einen Hauch der alten Nordwestpassage, des ansonsten verblichenen Mythos. Dann gerät der Versuch schnell zur Hybris – Schluss mit lustig! Unlängst haben kanadische Wissenschaftler die beiden Wracks der Franklin-Expedition entdeckt. Endlich – nach 170 Jahren. Keine andere Expedition steht so beispielhaft für die Gefahren der Nordwestpassage wie die von Franklin. 129 Mann, verteilt auf zwei Schiffe, gingen elendig zugrunde. Vereinzelte Gräber und Hinweise auf Kannibalismus, ließen erahnen, was für verzweifelte und düstere Szenen sich unter den Schiffbrüchigen abgespielt haben mussten. Bis heute versucht man, den Gründen des Scheiterns der Expedition auf die Spur zu kommen. Mit dem Fund der beiden Wracks könnte das Rätsel zumindest teilweise gelüftet werden.

Heute fahren regelmäßig Kreuzfahrtschiffe und Yachten aller Größen und Bauarten durch die Passage. Was viele unterschätzen: Die Passage ist auch ohne Eis eine echte Herausforderung. Sie ist einige Tausend Meilen lang, das Wetter kann – besonders im September – sehr stürmisch sein. Und vollkommen verschwunden ist das Eis natürlich nicht. Irgendwo lauern immer wieder mehr oder weniger dichte Eisfelder, die mit dem Wind und der Strömung hin und her treiben. Die logistische und auch die mentale Herausforderung für den Segler ist enorm. Man sollte sehr genau prüfen, ob man sich ihr gewachsen fühlt. Bei der schwedischen Yacht DAX endete die Reise bereits in Pond Inlet – am Beginn der eigentlichen Passage. Technische Probleme, aber wohl auch die nervliche Auszehrung der Crew führten zu Spannungen untereinander und letztlich zur Aufgabe – und das, bevor die eigentliche Reise begonnen hatte. Die Anreise von Schweden über Grönland nach Pond Inlet hatte bereits alle Reserven gefordert.

> **Es ist besorgniserregend, wie der Massentourismus auch in den arktischen Gewässern zunimmt. Ein Schiff wie die 250 Meter lange CRYSTAL SERENITY gehört einfach nicht dorthin. Es stellt eine potenzielle Gefahr für die sensible arktische Natur dar.**

Die CRYSTAL SERENITY ist mit ihren 250 Meter Länge das bislang größte Kreuzfahrtschiff, das durch die Nordwestpassage gefahren ist. Ohne jede Eisverstärkung und darauf hoffend, dass es keine Kollision mit Eis gibt. Ein riskantes Manöver – insbesondere auch für die empfindliche arktische Natur.

Die Nordostpassage auf der russischen Seite ist von Sportseglern und Abenteurern weniger frequentiert als ihr nordamerikanisches Pendant. Das liegt an den bürokratischen Hürden und weniger am Packeis. Die Bürokratie lässt sich meist schwieriger bezwingen als die Eisfelder. Das mussten wir im Sommer 2013 selbst erfahren. Trotz aller erforderlichen Genehmigungen wurde uns vom FSB – dem russischen Inlandsgeheimdienst – eine Reise nach Franz-Josef-Land untersagt. Die Begründung war fadenscheinig und konstruiert – nur ändern konnten wir daran nichts. Nach zwei zermürbenden Wochen im Kohlehafen von Murmansk gaben wir schließlich auf. Dabei waren wir schon einige Male im Land gewesen, hatten 1991/92 am Jenissei überwintert und 2002 die Nordostpassage in einem Sommer durchsegelt. Diese Erfahrung half uns 2013 gar nichts. Das frostige politische Klima lässt eine Besserung der Verhältnisse in absehbarer Zeit kaum erwarten.

Spitzbergen war von jeher das erreichbarste Ziel im hohen Norden. Der Golfstrom, der an der Westküste des Svalbard-Archipels nach Norden zieht, sorgte schon vor den Zeiten der globalen Erwärmung für weitgehend eisfreies Wasser. Am Südkap lag meist ein dichter Treibeisgürtel wie eine Barriere in Ostwestrichtung und stellte die Boote vor eine ernste Herausforderung. Aber irgendwie ließ sich der Gürtel immer umfahren, und dahinter ging es meist flott weiter – bis hoch zum 80. Breitengrad. Heute gibt es den Eisriegel am Südkap nicht mehr, und die Reise über den 80. Breitengrad hinweg ist in der Regel kein Problem. Auch die Umsege-

Eisberge sind Unikate. Es gibt keine zwei gleichen – jeder ist anders gestaltet, als hätte sie ein Riese aus dem Eis gemeißelt.

lung Nordostlands oder die Passage durch die Hinlopenstraße ist in den meisten Jahren möglich. Auf zwei Reisen haben wir einmal 82° und einmal fast 83° Nord erreicht. Anlandungen an Inseln, die früher nur zu Fuß über das Packeis und unter erheblichen Mühen und Gefahren erreichbar waren, sind heute meist problemlos mit dem Boot möglich. Und auch hier trifft man auf Kreuzfahrtschiffe. Ob an der Eiskante auf 83° oder an einstmals einsamen Ankerplätzen in der Hinlopenstraße – selten ist man allein. In Longyearbyen habe ich erlebt, dass ein 300 Meter langes Kreuzfahrtschiff festgemacht hat und Tausende von Passagieren und Crewmitgliedern wie ein Tsunami in den kleinen Ort geschwappt sind. Die Bewohner leben davon und haben keine Einwände gegen die Größe und die hohe Frequenz der Schiffe. Yachten sind da eher lästig und müssen vor Anker liegen, da kaum genügend Liegeplätze zum Festmachen vorhanden sind. Der Yachtsegler – egal ob in Grönland oder Spitzbergen, ob in Russland oder der Nordwestpassage – wird nicht mehr als Exot betrachtet, dem uneingeschränkte Sympathie entgegengebracht wird – sondern als Tourist. Eine Eigenschaft ist den Menschen in ihrer Begegnung mit Besuchern aber erfreulicherweise geblieben: Sie sind ausnehmend freundlich und hilfsbereit. Die Offenheit, diese ungekünstelte Freundlichkeit der Arktisbewohner, ist legendär. Und man kann nur hoffen, dass diese Offenheit und Hilfsbereitschaft nicht ungebührlich ausgenutzt und überstrapaziert werden.

Die Inuit reagieren teils pragmatisch, teils verstört auf den Touristenstrom. Ihre Freundlichkeit gegenüber den Besuchern ist geblieben.

Aber was zieht die Menschen in den hohen Norden? In den Sechziger- und Siebzigerjahren waren die Tropen ferne, verwunschene Reiseziele, die nur einigen wenigen Menschen zugänglich waren. Die Erreichbarkeit hat diesen Ländern einen Teil ihres Traumpotenzials geraubt. Die Hohen Breiten sind für einige Segler an ihre Stelle getreten. Dort gibt es noch jede Menge zu entdecken: Buchten, in denen niemand ankert, freundliche, hilfsbereite Menschen und eine atemberaubende Natur.

Da steigt dann auch die Bereitschaft, statt der Badehose Funktionsunterwäsche und Schichten von Fleece-Pullovern übereinanderzuziehen, um aufgeplustert im

Cockpit irgendeiner Yacht zu sitzen und mit krauser Stirn die Wetter- oder Eiskarten zu studieren. Kälte und Nebel sind plötzlich nebensächlich, sie gehören dazu. Wie die Hitze zur Karibik. Es ist eine eigene Welt mit klaren Konturen, die in einem auffälligen Kontrast zu der Welt steht, aus der wir kommen. Es ist die schlichte Erkenntnis, dass man viel weniger zum Glücklichsein braucht, als man bisher glaubte. Die fehlenden sanitären Einrichtungen an Land oder eine gemütliche Hafenkneipe? Alles zu seiner Zeit! Man ist zufrieden mit sich, seinem Boot, dem eingeschränkten Angebot der Kombüse, dem durchgeschwitzten Fleece und dem versalzenen Ölzeug. Das ist plötzlich alles nicht wichtig. Diese Reduktion auf das Wesentliche vermittelt ein unglaubliches Lebensgefühl, das ein hohes Suchtpotenzial hat. Es gibt eben auch anderes als das hektische Leben zu Hause. Weniger ist plötzlich mehr. Es ist ein Aussteigen auf Zeit. Aber diese Zeit lebt weiter in der Erinnerung. Auch wenn einen der Alltag längst wieder eingeholt hat. Die Eisberge verblassen in der Erinnerung nicht. Land, Wasser Eis, die klare Luft, die Menschen – sie komponieren eine Symphonie der besonderen Art. Das mag eine Erklärung für die Faszination der Hohen Breiten sein – neben vielem anderen, versteht sich. Und es ist auch erstaunlich, wie gelassen man damit umgeht, wenn andere Segler einen für verrückt erklären. Sollen sie doch nach Griechenland fahren.

Die Zahl der Boote und Crews wird trotzdem nicht den Umfang erreichen wie in der Karibik. Eisschmelze hin oder her – es war stets ein sehr anspruchsvolles Revier und wird es auch immer bleiben. Starkwind, Flaute, Eis, Kälte, Nässe, Nebel sowie behördliche Auflagen und bürokratische Hindernisse setzen eine gewisse Leidensfähigkeit der Crews voraus. Darauf wird sich nicht jeder Segler einlassen wollen. So wird sich die Zahl der Polarsegler in Grenzen halten. Die Arktis wird es verkraften! ///

Die Nordwestpassage hat ihren Mythos verloren. War ihre Durchquerung früher das große Abenteuer und Wagnis, ist sie heute (fast) zur Routine geworden.

Sturm, Nässe, Kälte – für uns nebensächlich, denn wir werden durch fantastische Erlebnisse belohnt. Insgeheim genießen einige von uns das harte Wetter sogar.

Monate-lange Nacht

Eine polare Überwinterung zählt
logistisch wie auch mental zu einer der
größten Herausforderungen für uns
Menschen. Das fehlende Tageslicht,
die eisige Kälte und die Winterstürme
lasten schwer auf dem Gemüt.
Lichtblicke sind die Polarlicher und
die sternenklaren Nächte.

Dunkelheit, Kälte und Abgeschiedenheit diktieren den Tagesablauf

ein Besuch auf der DAGMAR AAEN ist längst überfällig. Seit dem September liegt unser Segelschiff, die DAGMAR AAEN, in einer kleinen und geschützten Bucht unweit der Siedlung Upernavik an der Nordwestküste Grönlands. Wir hatten das Schiff im Herbst mit zahlreichen Landleinen sicher vertäut, in der Hoffnung, dass Winterorkane und Eis ihm nichts anhaben können. An Bord drei Crewmitglieder, deren Aufgabe unter anderem darin besteht, die wissenschaftlichen Messgeräte auszulesen und zu pflegen. Ein wissenschaftliches Institut hat die Möglichkeit einer Überwinterung genutzt, um Langzeitmessungen durchzuführen.

Ein Expeditionsprojekt erfordert nicht nur ein engagiertes Handeln vor Ort, es müssen auch die organisatorischen und finanziellen Grundlagen immer wieder aufs Neue geschaffen werden. Vortragsveranstaltungen, der Ablieferungstermin des neuen Buchmanuskriptes und viele andere Dinge mehr ließen mir wenig zeitlichen Spielraum. Und um es deutlich zu sagen: Es gab einfach unheimlich viel zu tun – und schließlich weiß ich das Schiff ja auch in guten Händen.

Ein Winter in Grönland ist auch im Zeitalter moderner Technik eine echte Challenge und nichts für schwache Nerven.

Am 21. Januar aber ist es endlich so weit. Aus dem Fenster der kleinen Turbopropmaschine kann ich einen ersten Eindruck gewinnen. Mit Ausnahme der zahlreichen Eisberge ist die Küste weitgehend eisfrei. Das ist ungewöhnlich für diese Jahreszeit. Dann die Landung in Upernavik bei Dunkelheit, –12 °C, Windstille und bedecktem Himmel. Ich übernachte im Ort und spreche am nächsten Morgen den Hafenmeister an, ob er eine Möglichkeit sieht, wie ich zu meinem Schiff gelangen kann. Von der Crew an Bord habe ich telefonisch erfahren, dass sie mich wegen der Neueisbildung nicht mit dem Beiboot abholen kann. Der Hafenmeister Jacob Lennart weiß Rat und ist – wie übrigens alle Bewohner Upernaviks – unglaublich hilfsbereit. Er spricht mit Henning, der für die Fischfabrik arbeitet. Zwei Stunden später stehe ich um 11 Uhr vormittags bei Dunkelheit und leichtem Schneetreiben an Bord eines Fischkutters. Es herrscht immer noch die polare Nacht.

So erlebe ich mitten im Januar auf 73° Nord eine Fahrt mit einem Fischkutter. Das wäre vor wenigen Jahren noch nicht möglich gewesen. Als es noch keinen Flug-

Zu Beginn der Überwinterung in der Nähe der Ortschaft Upernavik im Nordwesten Grönlands treiben Eisfelder genau in die Bucht, in der die DAGMAR AAEN durch etliche Landleinen und Anker gut gesichert rund acht Monate Stürmen und Dunkelheit trotzen wird.

platz in Upernavik gab, landeten die Propellermaschinen auf dem eingeebneten Meereis. Das musste zu diesem Zweck mindestens zwei Meter dick sein. Heute misst man die Eisstärke nach Zentimetern.

Der Suchscheinwerfer des Fischkutters bohrt sich einen Lichttunnel durch das diffuse Licht, zwischendrin immer wieder Eisberge, denen der Skipper ausweichen muss. Für mich ist es ganz ungewohnt, als Zaungast an Deck zu stehen und nicht selbst für die Schiffsführung verantwortlich zu sein. Nach knapp einer Stunde Fahrt sehen wir auf einer Anhöhe am Ufer zwei Personen stehen. Geschickt manövriert

»Pfannkucheneis« wird dieses frühe Stadium der Eisbildung genannt. Noch ist das Eis dünn und weich und kann mühelos durchfahren werden. Aber bereits am nächsten Tag kann es hart und undurchdringlich sein.

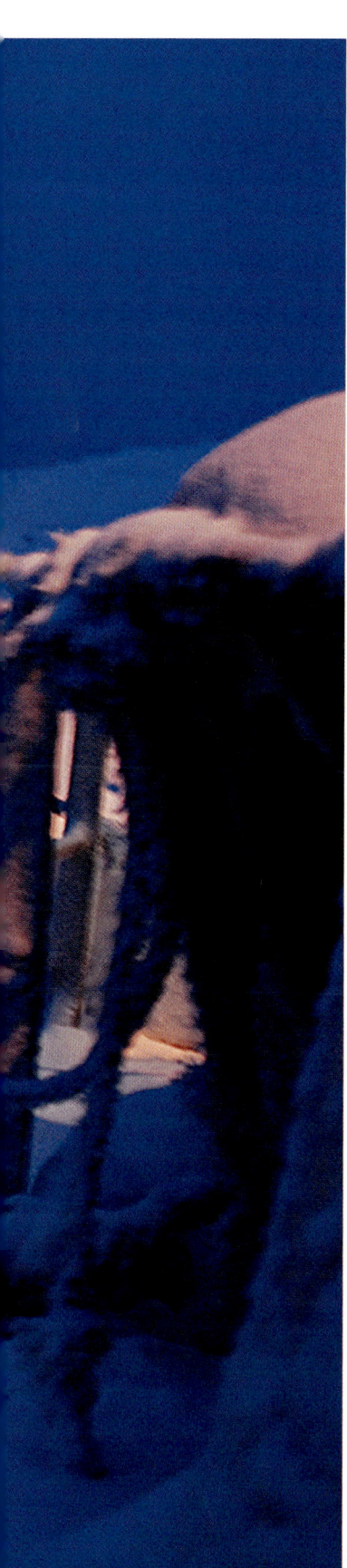

der grönländische Skipper den Kutter an eine Klippe, ich springe hinüber, mein Gepäck fliegt im hohen Bogen hinterher, und schon sind sie wieder weg. Dafür stehen Kai und Martin vor mir. Lange, mit Schnee verkrustete Bärte, sie sehen aus wie die personifizierten Yetis. Wir umarmen uns. Ich bin froh endlich da zu sein – angekommen!

Die DAGMAR AAEN liegt in etwa 20 Zentimeter dickem Eis fest eingefroren. Wir können problemlos darüber hinweg laufen und an Bord steigen. An Deck empfängt mich Rémy – damit sind wir komplett. Ich komme mir ein wenig vor wie ein Außerirdischer, der auf einem anderen Planeten zu Besuch ist. Hier die drei Überwinterer in ihrer Isolation und auf der anderen Seite der etwas termin- und fluggestresste Besucher, der sich erst einmal orientieren muss und natürlich jedes kleinste Detail in sich aufsaugt. Nach dem ersten Willkommenskaffee, einem ersten kurzen gegenseitigen Erzählen und der obligatorischen Postübergabe überlasse ich die drei zunächst ihren Briefen und Päckchen.

Ich stolziere um das Schiff herum, richte mich in meiner Koje im Vorschiff ein und inspiziere dann den Maschinenraum. Alles sieht ordentlich und aufgeräumt aus.

Später am Tag die erste reguläre Besprechung. Ich habe Ersatzteile für die Bordtoilette und den Generator mitgebracht. Technisch scheint alles gut zu funktionieren. Dass bei dem Dauerbetrieb mal hier und dort etwas gewartet oder repariert werden muss, ist völlig normal. Irgendwelche größeren Probleme technischer Art hat es jedenfalls nicht gegeben.

Allerdings merkt man den dreien die lange Zeit der Dunkelheit und auch der Isolation an. Der letzte Grönländer war Weihnachten hier – seitdem ist es sehr still in der Bucht geworden. Während Kai und Rémy sich überwiegend mit ihren Schnitzereien und Kunsthandwerk befassen, ist Martin vornehmlich mit der Kamera beschäftigt. Trotzdem gibt es natürlich sehr viel Zeit – Zeit, die bisweilen auch zur Belastung werden kann. Die drei sind so in ihren persönlichen Fahrbahnen verankert und mit sich selbst beschäftigt, dass darunter auch die Gemeinsamkeit zu leiden scheint. Mein Besuch bricht diese eingefahrenen Strukturen auf. Ich rede viel und lange mit jedem Einzelnen, dann gemeinsam in der Gruppe. Es hat Spannungen gegeben, Martin fühlt sich teilweise ausgegrenzt und findet auch in seiner Kameraarbeit

Die Überwinterungscrew der DAGMAR AAEN steigt auf einen Hügel, um das erste Sonnenlicht nach der langen Polarnacht zu erhaschen. Ein unvergleichlicher Moment – wie die Wiederkehr allen Lebens.

nicht die nötige Unterstützung. Alles Dinge und Sachverhalte, über die man sprechen muss, die aber aus meiner Sicht kein gravierendes Problem darstellen. Viele vermeintliche Probleme wirken in der Enge des Schiffes und der Isolation sehr viel schwerwiegender, als sie objektiv betrachtet sind. Ich fordere die drei auf, mehr draußen zu unternehmen. Am 28. Januar geht zum ersten Mal die Sonne wieder auf, und damit ist das offizielle Ende der Polarnacht gekommen. Auch wenn man sie hinter den hohen Bergen noch nicht sehen kann – täglich wird es heller, und die Tage werden spürbar länger. »Ihr müsst raus an die Luft, müsst euch bewegen und gemeinsame Aktivitäten entwickeln!« Was ich von früheren Überwinterungen her kenne, ist auch hier eingetreten. Die langen Wochen der Dunkelheit, die Isolation, der begrenzte Bewegungsspielraum, fehlende soziale Kontakte – das alles belastet

die Psyche enorm. Wir hatten vor Beginn der Überwinterung über die möglichen Belastungen und Probleme gesprochen, aber irgendwie haben die drei das nicht so richtig an sich rankommen lassen. Doch irgendwann haben sie die Auswirkungen dieser Lebensumstände eingeholt. Kein Mensch steckt die seelische Belastung einer Überwinterung bei anhaltender Dunkelheit spurlos weg. Zum Glück haben die drei bereits die Talsohle durchschritten! Mit der Wiederkehr der Sonne, die sie in wenigen Tagen auch direkt sehen und feiern können, tritt die Überwinterung in eine neue Phase. Es ist quasi die Wiedergeburt, das Erwachen des Lebens in der Natur und der Beginn der Freiluftaktivitäten. Man schöpft neue Energie, neue Lebensfreude. Eine solche Überwinterung zeigt, wie wichtig das Licht und die Sonne für das Leben sind.

Kai und ich führen einige kleinere Reparaturen durch, danach läuft alles wieder wie geschmiert. Zwischendurch schnalle ich mir die Schneeschuhe unter und stapfe die umliegenden Berge hoch. Bei dem immer noch etwas diffusen Licht habe ich einen Überblick über die Bucht und die Fjorde. Mit −2 °C ist es viel zu warm für die Jahreszeit, das zeigt sich auch daran, dass sich kein Meereis bilden will. Die Messboje der Wissenschaftler ist zwar wie vorgesehen eingefroren, allerdings endet das Eisfeld auch am Ausgang der Bucht. Die Landschaft ist atemberaubend schön. Auf jemanden, der die letzten Monate überwiegend im Büro und in Vortragssälen verbracht hat, wirkt die Szenerie einfach überwältigend. Bei Einbruch der Dunkelheit erlebe ich, wie die Nachbarn – die Fuchsfamilie – zu Besuch kommen und sogar an Deck steigen. Sie wittern natürlich die Nahrungsmittel – auch wenn sie nicht gefüttert werden, ihre Neugier kann man schwerlich unterbinden.

Die Tage an Bord verfliegen nur so. Nach zehn Tagen verlasse ich das Schiff auf dem gleichen Wege, wie ich gekommen bin. Der Kutter holt mich vereinbarungsgemäß wieder ab. Der Besuch an Bord war wichtig. Ich glaube, es war einfach nötig, dass jemand von außen frischen Wind in die Gruppe gebracht hat. Das haben die drei an Bord auch so empfunden. Sie sind wieder lockerer und positiver gestimmt – ich gehe mit einem guten Gefühl von Bord!

Die permanente Dunkelheit hat ein Ende. Frühlingserwachen in Grönland, eine Art Neubeginn. Schiff und Besatzung haben die Prüfung des arktischen Winters bestanden.

Am nächsten Tag soll mein Flug gehen, aber Pustekuchen. Es stürmt aus allen Knopflöchern. Der Flug ist an diesem und auch am nächten Tag gecancelt. Am Freitag ist das Wetter passabel, aber geflogen wird trotzdem nicht. Am Samstag komme ich endlich weg – allerdings nur mit viel Glück, denn es hat flächendeckender Regen in Grönland eingesetzt. Regen – im Januar – in Grönland … In Ilulissat können wir wegen des Regens und der Vereisung der Landebahn nicht landen, der Pilot entscheidet sich für Kangerlussuaq. Auch dort Dauerregen und eine spiegelglatte Landebahn. Aber irgendwo müssen wir ja runter. Die Temperatur liegt bei +6 °C obwohl der Flugplatz im Landesinneren liegt und der Wind vom Inlandeis kommt. Normalerweise ist es hier um diese Jahreszeit −30 °C bis −40 °C kalt. Während wir zu Hause über den harten Winter lamentieren, der im Grunde genommen für unsere Breiten nur normal ist, erlebt ein großer Teil der Arktis einen völlig ungewöhnlichen

Martin Varg macht eine Wanderung, um die ersten Sonnenstrahlen zu erhaschen. Sie sind Balsam für die Seele und wirken nach der langen Dunkelheit wie eine Befreiung.

und milden Winter. Ob und wie stark sich das Meereis ausbilden wird, können auch die Einheimischen nicht sagen. Nirgendwo an der Westküste Grönlands ist das Eis so, wie es zu dieser Jahreszeit sein sollte. An vielen Orten hat das Meer noch nicht mal angefangen zu frieren. Im April aber wird schon wieder Eisaufbruch sein. Es sind kaum noch zwei Monate bis dahin. Das immer gleiche Thema holt uns wieder ein – die Erderwärmung ändert alles.　///

Gelebte Geschichte

Bei der Durchquerung Südgeorgiens blicken wir von einer Passhöhe aus auf den von Gletscherspalten durchzogenen Crean-Gletscher. Genau dort hindurch führt unser Weg. Shackleton, Crean und Worsley waren vor gut 100 Jahren die Ersten, die ihn überquert haben.

Fast fühlt man sich wie in einem Gemälde, so unberührt, so gewaltig und so wunderschön erschließen sich die eisigen Landschaften Südgeorgiens. Dennoch haben hier in geschützten Buchten früher Menschen gelebt und gearbeitet

»Du bist freiwillig hier, du hast es so gewollt, beklage dich nicht!« Seit Stunden versuche ich, mich zur Ordnung zu rufen, mich zu motivieren. Es gelingt mir nur mühsam. Ich fühle mich wie im Hauptwaschgang einer Industriewaschmaschine – allerdings mit Wasser, das eisig kalt ist. Dafür stimmt der Bewegungsablauf. Spaßhaft hatten wir nach unseren ersten Testfahrten mit unserem nur 7 Meter langen und 2 Meter breiten Boot vor Wochen erklärt, uns nach dieser Expedition bei einem Rodeowettbewerb anzumelden. Aber nach Späßen ist momentan keinem von uns zumute. Unser Hintern brennt von entzündeten Salzwasserexemen. Die Kälte, der Wind und die alles durchdringende Nässe sowie die bockenden Bewegungen des Bootes haben uns zermürbt. Unsere Augen sind von Müdigkeit und Salzwasser gerötet. Ich hocke zusammengekauert in der winzigen Plicht, die Pinne fest umklammert, und versuche verzweifelt, meine Zehen in den Seestiefeln zu bewegen, um die Blutzirkulation in Bewegung zu bringen. Ist es Gischt, Hagel oder einfach nur Regen, was mir waagerecht entgegenfegt? Ich weiß es nicht, es ist mir auch egal. Ich versuche mit stoischer Ruhe, das Boot bei dieser ununterbrochenen Achterbahnfahrt auf Kurs zu halten – in einer aufgewühlten See, die Kapitäne viel größerer Schiffe nachdenklich, wenn nicht sorgenvoll stimmen würde. Ein Boot dieser Größe gehört auf einen Binnensee oder bestenfalls auf die sommerliche Ostsee, keinesfalls aber auf den Südlichen Ozean, den stürmischsten aller Weltmeere. Nach insgesamt 6 Stunden endlich die erlösende Freiwache. Aber vorher muss man sich ausziehen und womöglich noch aufs schwankende Klo robben – jeder Handgriff, jede Aktion fordert hier ein Übermaß an Anstrengung und Energie. Wären wir Tiere, würden Tierschützer dies als »nicht artgerechte Haltung« beschreiben.

Schauplatz Antarktis. Seit rund drei Wochen leben wir mehr schlecht als recht auf einem Boot, das wir JAMES CAIRD II getauft haben. Ein hölzerner, originalgetreuer Nachbau eines Rettungsbootes, mit dem der irische Polarforscher Sir Ernest Shackleton nach dem Verlust seines Expeditionsschiffes Hilfe für seine in der Antarktis zurückgebliebene Mannschaft herbeiholen wollte. Shackleton war 1914 mit der ENDURANCE in die Antarktis gesegelt, um von dort aus den Kontinent zu Fuß

> Nur sehr wenige Menschen würden auf die Idee kommen, in einem nur sieben Meter langen Holzboot von der Antarktis nach Südgeorgien zu segeln. Shackleton hat es aus Verzweiflung getan – wir taten es freiwillig, weil wir von seiner Leistung fasziniert waren.

Wir gleichen unseren
Standort mit den Abzügen
von alten Aufnahmen ab, die
rund 100 Jahre zuvor
Shackletons Fotograf Frank
Hurley geschossen hat. Selbst
nach dieser langen Zeit
erkennen wir jeden Stein des
damaligen Lagerplatzes
wieder. Ein unwirtlicher Ort.

zu durchqueren. Die ENDURANCE wurde aber bereits vor Erreichen des antarkti-schen Festlandes vom Eis eingeschlossen und nach einem monatelangen Überle-benskampf schließlich von den tonnenschweren Eisbrocken wie eine Eierschale zerdrückt. In einer beispiellosen Odyssee gelang es Shackleton und seinen Män-nern zwar, sich an die nördliche Packeiskante zu retten. Hilfe war dort aber nicht zu erwarten. Der Winter stand vor der Tür, alle Schiffe hatten längst die Rückreise angetreten. Die nächste Station, die Rettung versprach, lag rund 2.000 Kilo-meter entfernt, auf der Insel Südgeorgien. Da gab es Walfangstationen, dorthin wollte man sich retten. Die Sache hatte nur einen Haken: Zwischen ihnen und den Walfangstationen lag der unwirtlichste und stürmischste Ozean der Welt. Als die

»Roaring Forties«, die »Furious Fifties« und die »Shrieking Sixties« bezeichnen die Seeleute respektvoll diese Breitengrade. Brüllende Vierziger, Wilde oder Rasende Fünfziger und die Heulenden oder Schreienden Sechziger – wahrlich keine Kosenamen. Wir befinden uns ganz oben auf der Schreckensskala, den »Shrieking Sixties« – den »Schreienden Sechzigern«. Gemeint ist damit der unbarmherzige und alles zerstörende Sturmwind, der hier die meiste Zeit des Jahres wütet. Trotz aller Widrigkeiten gelang es Shackleton und seinen Männern, in den mitgeführten Rettungsbooten zunächst die unbewohnte Insel Elephant Island zu erreichen. Von hier aus startete Shackleton im April 1916 zusammen mit fünf seiner Begleiter und dem einzigen noch seetüchtigen Boot, der JAMES CAIRD, zu der denkwürdigen Reise nach Südgeorgien. 800 Seemeilen, rund 1.300 Kilometer, lagen vor ihm – im härtesten Meer der Welt. Der Rest der Mannschaft musste auf Elephant Island zurückbleiben, um dort die erhoffte Rettung abzuwarten. Die anderen beiden Boote

Die JAMES CAIRD II vor dem Wind in der Esperanza-Bucht an der Antarktischen Halbinsel. Es ist der Aufbruch zu einem großen und schwierigen Abenteuer. Wir sind still und nachdenklich geworden im Angesicht dieser Urgewalten.

waren zu klein und schwach gebaut, als dass sie diese Reise überstanden hätten. Die Chancen standen für Shackleton denkbar schlecht und damit auch für die zurückbleibenden Männer. Und trotzdem schaffte er das Unmögliche. Unsere Reise hat also ein Vorbild, und deshalb sind wir hier.

Dass Shackleton überlebt hat, ist sicher zum großen Teil seinem Können und Durchhaltevermögen und dem seiner Leute zu verdanken. Aber er hatte auch unglaubliches Glück – das Glück des Tüchtigen eben. Glück kann man nicht buchen oder nach Belieben abrufen. Es kommt oder es bleibt aus. Glück würden auch wir auf unserer Reise benötigen, das war meinen Begleitern Martin Friederichs aus Deutschland, Sigridúr Ragna Sverrisdóttir aus Island sowie Henryk Wolski aus Polen bewusst. Wir sind ein eingespieltes Team, kennen uns von anderen extremen Abenteuern. Wir haben gelernt, trotz aller Begeisterung für ein Projekt die notwendige Nüchternheit an den Tag zu legen, wenn es darum geht, die Machbarkeit und die Risiken zu beurteilen.

Die Reise mit der JAMES CAIRD II ist vielleicht eine der existenziellsten und prägendsten Expeditionen, die ich je gemacht habe.

Die JAMES CAIRD II wurde im argentinischen Ushuaia auf das Kreuzfahrtschiff HANSEATIC verladen. Von dort aus reisten wir in gediegenem 5-Sterne-Luxus des Kreuzfahrtschiffes in die Antarktis. An Bord des Luxusliners schlemmten wir und saßen stundenlang in der heißen Badewanne – wir ahnten, was auf uns zukommen würde. Am 12. Januar wurde die JAMES CAIRD II in der Esperanza-Bucht der Antarktis zu Wasser gelassen. Schlagartig wechselten wir das luxuriöse Ambiente eines schwimmenden Grandhotels gegen das spartanische Leben der maritimen Steinzeit aus. Das Raumangebot der JAMES CAIRD II entspricht dem Äquivalent einer flach geschnittenen Holzkiste. Es gibt gerade Platz für vier enge Kojen, Holzpritschen, nicht mehr. Dazwischen steht der Primus-Kocher und gleich davor ein verzinkter Eimer, der als Toilette dient – Shackleton lässt grüßen! Um sich an- oder auszuziehen oder gar den gefürchteten Gang zur Toilette anzutreten, ist man gezwungen, sich in einen Entfesselungskünstler zu verwandeln. Irgendwo ist immer ein Arm oder Bein im Weg, bleibt ein Ärmel hängen, hat sich ein Fuß hoffnungslos

verhakt, klemmt ein Reißverschluss. Selbst bei ruhigem Wasser wäre das schon eine schwierige Aufgabe, aber in dem Seegebiet herrscht immer Seegang. Der Kopf schlägt ständig irgendwo gegen, wir hörten schnell auf, die Beulen zu zählen. Am 19. Januar setzten wir Segel und nahmen Kurs auf das etwa 150 Meilen entfernte Elephant Island, Shackletons erste Zwischenstation. Diese erste Etappe hat es bereits in sich! Eisberge, von starken Strömungen getrieben, kreuzen unseren Kurs wie ein Geschwader von Schlachtschiffen. In ihrem Gefolge eine Schleppe von Growlern – schwer auszumachende Eisbrocken –, die für uns eine ernste Gefahr bedeuten. Uns trennen nur 20 Millimeter Plankenstärke von der tödlichen Außenwelt. Der Wind kommt aus nördlichen Richtungen und damit uns genau entgegen. Wir müssen aufkreuzen! Die Amwindsegeleigenschaften der JAMES CAIRD II sind gelinde gesagt bescheiden, sodass wir nur langsam vorankommen. Am 29. Januar, zehn Tage nach dem Aufbruch von Esperanza, erreichen wir Point Wild auf Elephant Island. Zehn Tage für 150 Seemeilen – eine moderne Fahrtenyacht schafft das an einem einzigen Tag. Die Landzunge, auf der Shackleton den größten Teil seiner Mannschaft zurückließ, bevor er nach Südgeorgien segelte, ist noch karger, schmaler und stärker dem Wind und Seegang ausgesetzt, als ich es mir vorgestellt habe. Dort lebten die zurückgebliebenen 22 Männer unglaubliche vier Monate unter den beiden verbliebenen umgedrehten Booten. Wenn schon nicht zum Segeln, waren sie doch immerhin als Notunterkünfte oder halbfeste Zelte zu gebrauchen.

Wir streifen auf der schmalen Landzunge von Point Wild umher. Pinguine und aggressive Pelzrobben haben die Herrschaft über das karge Stück Land übernommen. Der Pinguinguano stinkt zum Himmel. In ihm mussten die Schiffbrüchigen damals lagern. Ihre Kleidung war durchtränkt von schleimigen, stinkenden Exkrementen. Am 30. Januar gehen wir wieder in unser Boot und verlassen die unwirtliche Insel. Sturmwolken ziehen am Himmel auf, Vorboten schlechten Wetters. Wir fahren trotzdem weiter. Die offene See ist immer noch sicherer als die Klippen von Elephant Island. Der Sturm lässt nicht lange auf sich warten. In der Nacht fängt es an zu schneien. Nasser, klebriger Schnee, der an den Segeln hängen bleibt, um schließlich in kleinen Lawinen abzurutschen und sich über uns zu ergießen. Der Wind nimmt beständig an Stärke zu, bis er schließlich heulend durch die Wanten orgelt und eine See aufwirft, die furchtbare Ausmaße annimmt. Irgendwann in der Nacht kommt der Zeitpunkt, wo wir alle Segel geborgen haben und den Treibanker ausbringen müssen. Das Szenario ist nichts für schwache Nerven. Bre-

Man kann sich kaum einen abweisenderen und grausameren Ort vorstellen als Point Wild auf Elephant Island. Schroffe, unzugängliche Felsen, Eisfelder und eine Landzunge, die bei Stürmen überspült wird. Dennoch hielten Shackletons Männer hier monatelang aus.

cher spülen übers Deck. Riesige Seen wälzen sich heran, weiß schäumende Kämme rollen in gischtenden Kaskaden die Vorderseite der Wellen hinab. Erreicht ein solcher Brecher das Boot, dröhnen die Geräusche unter Deck, als würde man auf einen riesigen Gong schlagen. Ein Liter Wasser wiegt ein Kilogramm. Wie viel Liter Wasser und wie viel Tonnen kinetischer Energie mögen in einer einzigen brechenden See stecken? Ich will es gar nicht wissen. Wir müssen an eine irische Expedition denken, die drei Jahre zuvor versucht hatte, diese Teiletappe nachzusegeln. Nachdem sie dreimal kopfunter durchgekentert waren, hatten sich die Expeditionsteilnehmer völlig entnervt abbergen lassen und ihr Boot noch an Ort und Stelle versenkt. Das möchten wir nicht erleben! Aber das Kopfkino angesichts der herrschenden Situation abzuschalten, ist gar nicht so einfach. Man wird sehr nachdenklich und demütig in solchen Momenten. An Deck kann sich jetzt keiner mehr von uns aufhalten. Wir haben das Einstiegsluk verschlossen und liegen auf unseren harten Pritschen. Damit wir nicht bei jeder Welle rauspurzeln, werden wir von sogenannten Kojensegeln, die uns wie ein Korsett auf Position halten, gesichert. Der Sturm hält auch den nächsten Tag an. Ein Blick nach draußen lässt einem das Herz noch tiefer in die Hose sacken, als es ohnehin schon ist: graue, steile Seen, deren brechende Wellenkämme von dem Wind in langen, waagerechten Gischtfahnen davongetragen werden. Als sich das Wetter endlich beruhigt und wir wieder Segel setzen können, ist gleichzeitig auch unser Vertrauen in das Boot gewachsen. Das Boot kann es – so unsere Erkenntnis. Nun kommt es allein auf uns an.

Unsere Reise ist gespickt mit stürmischem Wetter, abgelöst von klaren Nächten, in denen sich ein gigantischer Sternenhimmel über uns ausbreitet, bis hin zu jenen nebelnassen, klammen Tagen, an denen man sich nichts so sehr wünscht wie ein wenig Trockenheit, Sicht und Wärme. Wir haben alles erlebt. Wirklich alles? Der Sturm holt uns in Sichtweite der Küste Südgeorgiens ein. Um uns herum Eisberge von beängstigenden Ausmaßen. Wir wissen, dass sie von einem riesigen Tafeleisberg stammen, der vom antarktischen Schelfeis abgebrochen ist. Seine Größe: 1.200 km^2 oder etwa zehnmal so groß wie die Insel Sylt! Von ihm brechen ständig

128

Die JAMES CAIRD II beim Start von Elephant Island. Noch scheint die Sonne und der Wind weht konstant. Wir tauchen ein in eine Welt mit eigenen Gesetzen. Nur wer sich ihnen unterordnet und die Spielregeln der Natur akzeptiert, kann in ihr bestehen – erst recht mit so einem kleinen Boot. Der Südliche Ozean ist gnadenlos und verzeiht keine Fehler.

Pinguin-Prozession. Wie in einem eisigen Amphitheater haben sich die Pinguine auf der Galerie eines Eisberges versammelt. Geordnetes Leben in einer eisglatten Wildnis.

ungeheuer große Brocken ab, die als eigenständige Eisberge weiterdriften. Bei unserem Eintreffen zieht zu allem Überfluss dichter, undurchdringlicher Seenebel auf. Es ist, als segelten wir gegen eine Mauer. Die Kombination von Sturm, unzähligen Eisbergen und Growlern sowie eine Sicht, die maximal 20 Meter beträgt, ist das Schlimmste, was uns passieren kann. In der aufgewühlten See torkelt die JAMES CAIRD II wie ein Korken. Wir versuchen, Kurs auf die King Haakon Bay zu halten, jenem Fjord, in den Shackleton quasi hineingeblasen wurde und in dem er Zuflucht fand. Dann plötzlich unmittelbar vor uns dicht aneinandergereihte Eisberge, die schemenhaft aus dem Nebel auftauchen, zackig, mit ausgespülten unterhöhlten Grotten, in denen sich die Sturmseen donnernd brechen. Die Grotten würden weit größere Boote als die JAMES CAIRD aufnehmen können – wenn wir dort hinein-

Henryk durchwatet den eisigen und reißenden Gletscherbach. Der Boden ist sumpfig und steinig. Wir sichern uns gegenseitig mit dem Bergseil.

Das Umweltbundesamt gibt in einem Leitfaden vor, wie sich deutsche Besucher im Südpolargebiet zu verhalten haben. »Mensch« soll einem Pinguin nicht näher als 10 Meter kommen. So steht es geschrieben; doch der Pinguin hat es offensichtlich nicht gelesen, ist neugierig und kommt uns immer näher.

gedrückt werden, bedeutet es das Ende. Denn rauskommen würden wir hier nicht, sondern vermutlich an den Eiswänden oder den Felsen zerschmettert. Wir halsen, das bedeutet, dass wir mit dem Heck durch den Wind gehen, um einen Ausweichkurs steuern zu können. Ein anderer Eisberg nimmt uns den Wind, wir müssen erneut halsen – jetzt, um ihm auszuweichen. Nur die raue See bleibt als Konstante bestehen. Wir driften eng an den unterhöhlten Riesen vorbei, die schiere Angst im Nacken. Die Wucht des Sturms packt uns erneut. Gefühlt geht es pausenlos so weiter. Wieder taucht ein Eisberg aus dem Nichts auf. Erneute Halse und erneute Kursänderung. Zu dem Nebel, dem Sturm und dem Eis gesellt sich inzwischen die Dunkelheit. Was tun wir hier? Wir erleben eine der schlimmsten Nächte unserer gesamten Laufbahn.

Unweit des Strandes, weit im Inneren des Fjords, fällt nach einer uns endlos erscheinenden Zeit der Anker. Wir sind völlig fertig. Hier am Strand hatte Shackleton ein Lager aufgebaut, um bei günstigem Wetter zu der Durchquerung der Insel zu starten. Bis zu 3.000 Meter hohe Berge durchziehen die Insel. Nachdem wir uns einige Tage ausgeruht haben, starten auch wir zu der Überquerung. Nach der Hockerei in dem engen Boot sind wir alles andere als fit. Unsere Rucksäcke wiegen an die 30 Kilogramm. Wir wollen uns Zeit lassen, schleppen eine ganze Filmausrüstung mit. Das Innere der Insel ist mit Gletschern durchzogen, die um diese Jahreszeit so gut wie keine Schneeauflage aufweisen. Kalte Fallwinde brechen unvermittelt über uns herein, zerren uns von den Füßen. Regen peitscht waagerecht durch die Luft. Vorsichtig und langsam bewegen wir uns durch ein Labyrinth aus Spalten. Dabei folgen wir pedantisch der Route, die die drei Männer rund 100 Jahre vor uns eingeschlagen haben. Uns gegenseitig am Seil sichernd, queren wir den völlig zerrissenen Crean-Gletscher und stehen schließlich eine Woche später an der »Heart-

Dass Shackleton und seine Begleiter nach der Bootsfahrt auch noch die Durchquerung Südgeorgiens überlebten, grenzt an ein Wunder. Ohne Zelt und Schlafsäcke hätten sie bei einem aufziehenden Sturm keine Überlebenschance gehabt.

break Ridge« – dem »Grat der gebrochenen Herzen«, wie Shackleton ihn nannte. Der Name lässt erahnen, wie es den Männern damals ergangen sein muss. Erst nach dem dritten Versuch gelang den erschöpften Männern der Abstieg über die steile Bergflanke.

Am 23. Februar klettern wir den letzten Geröllhang hinunter und erreichen wenig später die aufgegebene Walfangstation Stromness. Vor dem verfallenen Haus des ehemaligen Stationsleiters halten wir an und setzen unsere Rucksäcke ab. Genau hier ist es gewesen, dass Shackleton und seine Mitstreiter Crean und Worsley ihre Odyssee beendeten. Alle der auf Elephant Island zurückgebliebenen Männer der ENDURANCE wurden schließlich gerettet. Shackleton hatte Wort gehalten. Stromness ist heute eine Geisterstadt. Verfallene Häuser und Werkshallen, Wellblechplatten, die bedrohlich im Wind pendeln, rostige Werkzeugmaschinen, Schrott jeder Art. Ein wahrlich historischer Ort! Wir stehen am Ende unserer Reise. Trotz aller Anlehnung an das Original ist unsere Leistung nicht mit der jener alten Polarfahrer zu vergleichen – darum ging es uns auch gar

Die letzten Meter auf dem Weg zur verlassenen Walfangstation Stromness. Genau auf diesem Pfad sind 1916 auch Shackleton, Crean und Worsley in die Siedlung gekommen. Es ist auch für uns das Ende unserer langen Odyssee.

nicht. Wir wollten ihnen so nahe kommen wie nur irgend möglich, ihre Entscheidungswege nachvollziehen und von ihnen lernen. Das ist uns gelungen. Auf Messers Schneide leben, so haben wir die Expedition empfunden. Wie für Shackleton war auch für uns diese Reise – wenn auch unter anderen Vorzeichen – eine Überlebenssituation. Über Shackletons Rettungsmission lag ganz sicher ein guter Stern – und, wer weiß, über unserer Reise vielleicht auch. Unsere Bewunderung für Shackleton, Worsley, Crean und alle anderen ist nach dieser Erfahrung, wenn überhaupt möglich, noch gewachsen. ///

WAS BLEIBT:

Stoff zum Nachdenken

In einem einsamen Fjord an der ostgrönländischen Küste stoßen wir auf die Hinterlassenschaften einer alten US-amerikanischen Militärbasis. Geschätzte 190.000 Fässer sollen dort lagern – teilweise noch mit Ölen und Brennstoffen gefüllt. Jetzt versucht die grönländische Regierung, den Schrott und die gefährlichen Stoffe zu entsorgen. Das ist grundsätzlich zu begrüßen, doch durch die jahrzehntelange Lagerung ist ein Teil der Flüssigkeiten bereits aus den verrosteten Fässern ausgetreten. Die Verursacher haben sich der Verantwortung entzogen und die Beseitigung des Abfalls einfach den Grönländern überlassen.

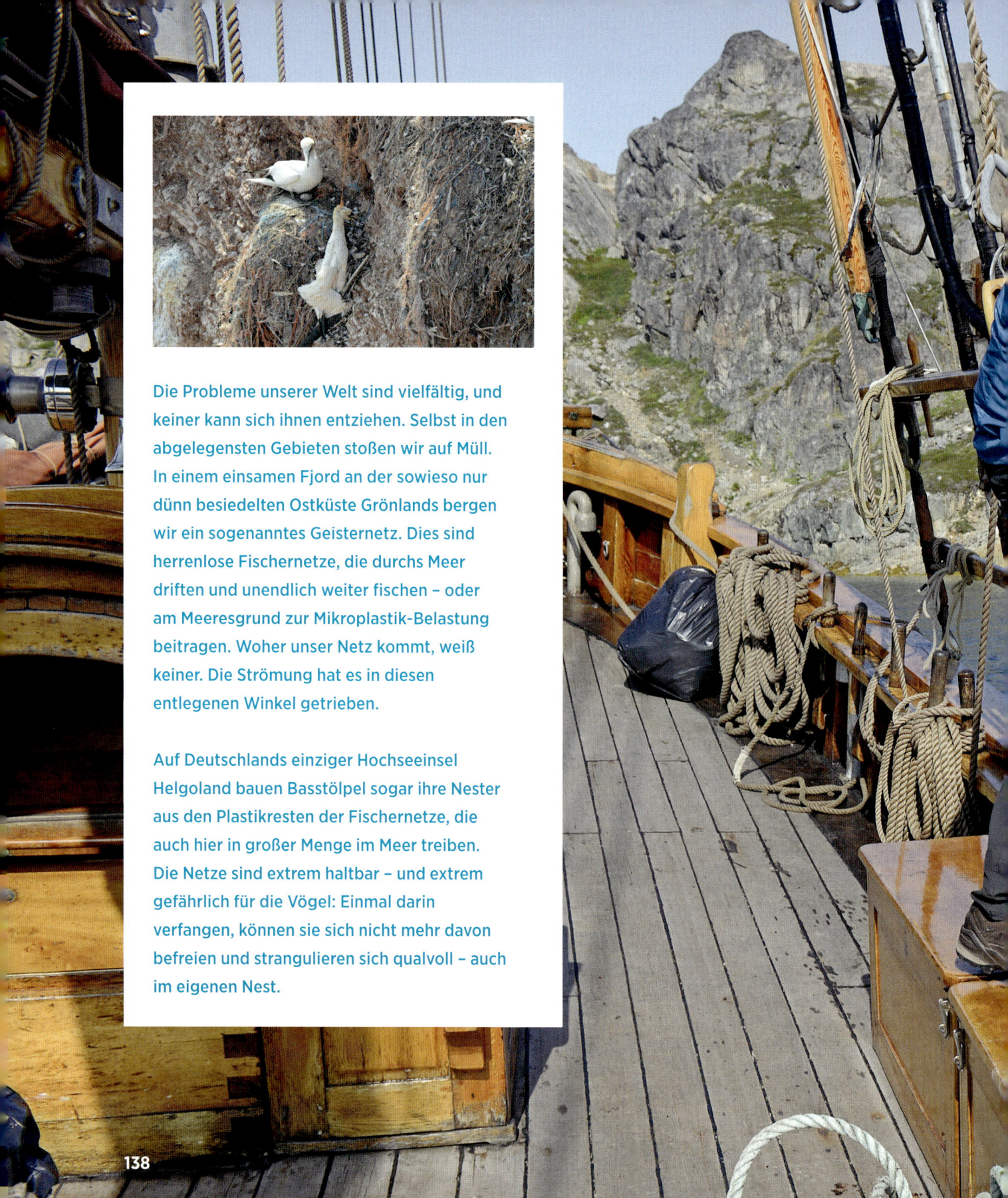

Die Probleme unserer Welt sind vielfältig, und keiner kann sich ihnen entziehen. Selbst in den abgelegensten Gebieten stoßen wir auf Müll. In einem einsamen Fjord an der sowieso nur dünn besiedelten Ostküste Grönlands bergen wir ein sogenanntes Geisternetz. Dies sind herrenlose Fischernetze, die durchs Meer driften und unendlich weiter fischen – oder am Meeresgrund zur Mikroplastik-Belastung beitragen. Woher unser Netz kommt, weiß keiner. Die Strömung hat es in diesen entlegenen Winkel getrieben.

Auf Deutschlands einziger Hochseeinsel Helgoland bauen Basstölpel sogar ihre Nester aus den Plastikresten der Fischernetze, die auch hier in großer Menge im Meer treiben. Die Netze sind extrem haltbar – und extrem gefährlich für die Vögel: Einmal darin verfangen, können sie sich nicht mehr davon befreien und strangulieren sich qualvoll – auch im eigenen Nest.

Seit 2007 initiieren wir jedes Jahr ein internationales Jugendcamp unter dem Titel »ICE CLIMATE EDUCATION«. Dabei geht es uns darum, junge Menschen für den Naturschutz im Allgemeinen und den Klimaschutz im Besonderen zu sensibilisieren. Wissenschaftler und Pädagogen begleiten das Camp ehrenamtlich und werden dabei von weiteren Helfern unterstützt. In den letzten Jahren fand das Camp auf einem traditionellen Segelschiff statt. Die Jugendlichen lernen dabei nicht nur theoretisches Grundwissen von den Wissenschaftlern, sondern werden zugleich in den Segelbetrieb eines Großseglers einbezogen. Junge Menschen sind die Entscheidungsträger von morgen – von ihnen hängt viel ab.

Abenteuer bedeutet für mich nicht die Suche nach gefahrvollen Momenten, sondern vielmehr die Freiheit im Geiste, aufzubrechen und das scheinbar Unmögliche möglich zu machen.

Arved Fuchs

Bibliografische Information der Deutschen Nationalbibliothek
Die Deutsche Nationalbibliothek verzeichnet diese Publikation in der Deutschen
Nationalbibliografie; detaillierte bibliografische Daten sind im Internet über
http://dnb.dnb.de abrufbar.

1. Auflage
ISBN 978-3-667-12181-3
© Delius Klasing & Co. KG, Bielefeld

Lektorat: Birgit Radebold
Einbandgestaltung und Layout: Jörg Weusthoff, Weusthoff & Reiche Design, Hamburg
Bilder: Cover vorn: © shutterstock/Jarino (unten); Archiv Arved Fuchs (oben).
Cover hinten: Archiv Arved Fuchs/Felix Hellmann. Alle weiteren Bilder: Archiv Arved
Fuchs – mit Dank an folgende Fotografen: Torsten Heller, Heimir Hardason (S. 8),
Harald Schmitt (S. 14), Pablo Besser (S. 88), Dirk Schröder-Brandi (S. 100),
Brent Boddy (S. 103), Arne Steenbock (S. 107).
Lithografie: Mohn Media, Gütersloh
Druck: Firmengruppe APPL – aprinta druck, Wemding
Printed in Germany 2021

Delius Klasing Verlag, Siekerwall 21,
D - 33602 Bielefeld
Tel.: 0521/559-0, Fax: 0521/559-115
E-Mail: info@delius-klasing.de
www.delius-klasing.de

Der Ausgleich der beim Druck dieses Buches entstandenen CO_2-Emissionen erfolgt über das international anerkannte Klimaschutzprojekt
»Deutschland plus: Schwarzwald«. Mit dessen Hilfe werden u. a. Arbeiten wie Wald- und Landschaftspflege, Biotoppflege, das Offenhalten von
Bächen oder die Wiedervernässung von Hochmooren unterstützt. Das Klimaschutzprojekt »Deutschland plus: Schwarzwald« hat den Projekt-
standard: zertifizierte Naturwaldaufforstung, Gold Standard, VCS, CCB, leistet eine messbare CO_2-Reduktion und wird regelmäßig überprüft.

Atlantischer Ozean

Südgeorgien

Südamerika

Elephant Island

Kap Hoorn

Pazifischer Ozean